Wander Luis Barbosa Borges

Sistemas Sustentáveis de Produção de Soja

Wander Luis Barbosa Borges

Sistemas Sustentáveis de Produção de Soja

ScienciaScripts

Imprint
Any brand names and product names mentioned in this book are subject to trademark, brand or patent protection and are trademarks or registered trademarks of their respective holders. The use of brand names, product names, common names, trade names, product descriptions etc. even without a particular marking in this work is in no way to be construed to mean that such names may be regarded as unrestricted in respect of trademark and brand protection legislation and could thus be used by anyone.

Cover image: www.ingimage.com

This book is a translation from the original published under ISBN 978-3-659-86577-0.

Publisher:
Sciencia Scripts
is a trademark of
Dodo Books Indian Ocean Ltd. and OmniScriptum S.R.L publishing group

120 High Road, East Finchley, London, N2 9ED, United Kingdom
Str. Armeneasca 28/1, office 1, Chisinau MD-2012, Republic of Moldova, Europe
Managing Directors: Ieva Konstantinova, Victoria Ursu
info@omniscriptum.com

Printed at: see last page
ISBN: 978-620-8-54589-5

Índice

Autor

Wander Luis Barbosa Borges

Engenheiro Agrónomo, Doutor em Agronomia, Investigador Científico

Instituto Agronómico - IAC

Centro Avançado de Pesquisa Tecnológica do Agronegócio Seringueira e Sistemas Agroflorestais, P.O.(B) 61, 15500-970, Votuporanga, Estado de São Paulo, Brasil

wanderborges@iac.sp.gov.br

Para a minha família

Dedico

Agradecimentos

A Deus por me guiar para sempre na minha caminhada.

Aos pesquisadores científicos Dra. Giane Serafim da Silva, Dr. Rogério Soares de Freitas, Dr. Gustavo Pavan Mateus e Dra. Maria Luiza Franceschi Nicodemo; ao analista Msc. Carlos Eduardo Silva Santos; aos técnicos da Coordenação de Assistência Técnica Integral - CATI Jorge Luiz Hipólito, Flàvio Sueo Tokuda, Nicola Roberto Tomazini, Gerson Cazentini Filho e Adriano Custódio Gasparino, pelas parcerias.

A todos os funcionários do Centro de Pesquisas em Tecnologia Avançada do Agronegócio da Seringueira e Agroflorestal do Instituto Agronômico - IAC e da Fazenda de Ensino, Pesquisa e Extensão da Universidade Estadual Paulista - UNESP, Campus de Ilha Solteira pelo apoio nas instalações e realização do campo experimental.

Ao Instituto Agronómico - IAC.

À Fundação Agrisus - Agricultura Sustentàvel, pelo apoio financeiro, pela facilidade e realização da investigação científica.

Prefácio

Os sistemas sustentáveis de produção agrícola têm sido cada vez mais estudados, divulgados e adotados por produtores de todo o mundo. Entretanto, a utilização de sistemas que estejam atentos ao tripé da sustentabilidade, ou seja, conceitos ambientais, sociais e econômicos, é uma preocupação de toda a sociedade. O sistema de plantio direto na palha, é um sistema sustentável de produção que merece atenção, porém, as altas temperaturas e a umidade podem dificultar o manejo do solo coberto, durante todo o ano, o que pode comprometer o sucesso do sistema de plantio direto. Por isso, para manter o solo coberto durante todo o ano, na maioria das vezes é necessário utilizar culturas que visam preparar a palhada para o sistema de plantio direto, as chamadas culturas de cobertura. O uso da palha derivada da colheita da cana-de-açúcar e a utilização de pastagens em sistemas integrados de agricultura, pecuária e silvicultura, também são alternativas interessantes de culturas de cobertura. Este livro apresentará resultados de pesquisas realizadas na região Noroeste do Estado de São Paulo (Brasil), envolvendo sistemas sustentáveis de produção de soja.

Capítulo 1

Introdução

De acordo com a ONU (2016), a população mundial deverá atingir 8,5 bilhões no ano de 2030, 9,7 bilhões em 2050 e ultrapassar 11 bilhões em 2100; e, segundo a FAO (2016), o rápido crescimento populacional, as mudanças climáticas e a degradação dos recursos hídricos e terrestres deverão tornar o mundo vulnerável à insegurança alimentar, correndo o risco de não conseguir alimentar toda a população até 2050. Para fazer recuar a fome e a insegurança alimentar, a produção alimentar teria de crescer a um nível superior ao da população, o que deveria ocorrer principalmente nas áreas já utilizadas para a agricultura, com uma utilização mais intensiva e sustentável da terra e da água.

Um sistema de produção é considerado sustentável quando todas as etapas do processo atendem a processos de tarifa social, economicamente viáveis e ambientalmente adequados (Freire, 2015).

A agricultura brasileira avançou com segurança em direção à sustentabilidade nas últimas décadas. Dentre as alternativas de sistemas de produção sustentáveis, destacam-se a agricultura orgânica, a produção integrada à pecuária, a aquicultura, a produção agroflorestal e os sistemas integrados lavoura-pecuária-floresta (iLPF), além de vários outros (EMBRAPA, 2015).

Cultura da soja

A soja é a cultura brasileira que mais cresceu nas últimas três décadas e corresponde a 49% da área plantada de grãos no Brasil. O aumento da produtividade está associado aos avanços tecnológicos, ao manejo e à eficiência dos produtores. O grão é um componente essencial na fabricação de ração animal e com o aumento do uso para consumo humano, a produção de soja é cada vez mais crescente. Cultivada especialmente nas regiões Centro-Oeste e Sul, a soja tem se firmado como um dos principais produtos da agricultura nacional e da balança comercial (MAPA, 2015).

A soja foi responsável pela formação de uma complexa estrutura de produção, armazenamento, processamento e comercialização em todos os países onde é cultivada em larga escala. A grande demanda no mercado internacional proporcionou rápida expansão dessa cultura no Brasil, que ocorreu pela substituição de outras culturas pela cultura da soja e, principalmente, pela conquista de novas fronteiras agrícolas (Rezende; Carvalho 2007).

Existem vários sistemas de produção de soja. Dentre esses sistemas, o sistema de plantio direto e os sistemas integrados lavoura-pecuária-floresta têm se destacado como sistemas de produção sustentáveis.

Referências

Empresa Brasileira de Pesquisa Agropecuária (EMBRAPA). 2015. "Sistemas de produção sustentável". Acessado em 29 de dezembro. http://agrosustentavel.com.br/.

Freire, Juliana. 2015. "Tecnologia sustentâvel: Sistemas de Produçao Sustentâvel". Acessado em 29 de dezembro.

http://www.agricultura.gov.br/arq editor/file/Home%20Page/Rio+20/Tecnologia %20sustentavel-Sistemas%20de%20Producao%20Sustentavel.pdf.

Ministério da Agricultura, Pecuária e Abastecimento (MAPA). 2015. "Soja". Acessado em 05 de outubro. http://www. agricultura. gov.br/ve getal/culturas/ soj a.

Organização das Nações Unidas (ONU). 2016. "ONU projeta que populaçao mundial chegue aos 8,5 mil milhôes em 2030". Acessado em 04 de janeiro. http://www.unric.org/pt/atualidade/31919-onu-projeta-que-populacao-mundial-chegue-aos-85-mil-milhoes-em-2030.

Organizaçao das Naçoes Unidas para Alimentaçao e Agricultura (FAO). 2016. "Pode faltar alimento para abastecer populaçao mundial até 2050, diz ONU". Acedido em 04 de janeiro. http://g1.globo.com/natureza/noticia/2011/11/pode-faltar-alimento- para-abastecer-populacao-mundial-ate-2050-diz-onu.html.

Rezende, Pedro Milanez; Carvalho, Eudes Arruda. 2007. "Avaliação de cultivares de soja (*Glycine max* (L.) Merrill) para o Sul de Minas Gerais". *Ciência Agrotécnica* 31:1616-1623.

Capítulo 2

Sistema de plantio direto de soja em culturas de cobertura

O sistema de plantio direto na palha pode gerar grandes benefícios ao meio ambiente por conservar a água e o solo, reduzindo o impacto direto da gota da chuva e a velocidade de escoamento da água, melhorando a infiltração da água no solo e evitando perdas por erosão do solo, além de diminuir a amplitude térmica do solo, o que proporciona redução da evapotranspiração e manutenção da umidade do solo (Borges, 2015).

Essa conservação da água e do solo é proporcionada pela cobertura permanente do solo, ou seja, a manutenção do solo coberto durante todo o ano por uma camada de palha, um dos três pilares necessários para se ter um sistema de plantio direto eficiente, complementado pela não perturbação do solo e pela rotação de culturas (Borges, 2015).

No entanto, segundo Brancaliao et al. (2008), a dificuldade de produção e persistência dessa palha é um dos entraves na consolidação desse sistema no Estado de São Paulo, Brasil. Isso reforça a preocupação de se produzir resíduos vegetais com decomposição mais lenta, o que manteria o resíduo protegendo o solo por mais tempo (Ceretta et al., 2002).

Segundo Stone et al. (2006), a utilização de palha proveniente de resíduos vegetais de culturas anteriores e de infestantes é geralmente insuficiente para cobrir totalmente o solo devido às elevadas temperaturas associadas à humidade adequada nas regiões tropicais, que promovem a sua rápida decomposição.

Por isso, para manter o solo coberto durante todo o ano, na maioria das vezes, é necessário utilizar culturas com o objetivo principal de produção de palha, para serem utilizadas em sistemas de plantio direto, as chamadas culturas de cobertura (Borges, 2015).

À medida que o plantio direto foi substituindo o sistema de semeadura convencional, aumentou o interesse pelas culturas de cobertura, pois quando associadas aos sistemas conservacionistas, podem promover o controle da erosão e, ao mesmo tempo, podem resultar na melhoria das propriedades físicas e químicas do solo, o que reflete na produtividade (Trabuco, 2008).

Alvarenga et al. (2001) enfatizaram que para a escolha das culturas de cobertura é indispensável conhecer a adaptabilidade da planta à região e sua capacidade de crescer em ambiente menos favorável, uma vez que as culturas comerciais são estabelecidas em períodos mais favoráveis. Além disso, é necessário considerar a produtividade de biomassa, a disponibilidade de sementes, as condições do solo, a rusticidade relacionada à tolerância à seca, a possibilidade de uso comercial e o potencial dessas plantas como hospedeiras de pragas e doenças.

Com o objetivo de avaliar cinco culturas de cobertura em diferentes densidades de semeadura, utilizadas como palhada para a cultura da soja, foi desenvolvida uma pesquisa em cooperação com a Agência Paulista de Tecnologia dos Agronegócios (APTA) e a Universidade Estadual Paulista (UNESP), com o apoio da Fundação Agrisus - Agricultura Sustentável, nos municípios de Votuporanga, São Paulo, Brasil e Selviria, Mato Grosso do Sul, Brasil. Os resultados apresentados neste capítulo foram extraídos de Borges et al. (2015a), Borges et al (2015b) e Borges et al. (2015c).

Os experimentos foram instalados em março de 2008, no Centro Avançado de Pesquisa Tecnológica do Agronegócio de Seringueira e Sistemas Agroflorestais do Instituto Agronômico (IAC), da APTA, da Secretaria de Agricultura e Abastecimento do Estado de São Paulo (SAA/SP), localizada no município de Votuporanga, a 20°20' S de Latitude, 49°58' W de Longitude e 510 m de Altitude, em um Oxissolo Vermelho arenoso eutrófico (EMBRAPA, 2013), e na Fazenda de Ensino, Pesquisa e Extensão da UNESP, Campus Ilha Solteira, localizada no município de Selviria, no setor de Produção Vegetal, com as coordenadas geográficas: Latitude 20°25'24" S, Longitude 52°21'13" W, e Altitude média de 335 m, em um Latossolo Vermelho distroférrico argiloso típico (EMBRAPA, 2013).

O preparo do solo foi realizado por meio de aração (arado de disco), em fevereiro de 2008, e duas gradagens (discos de gradagem), uma em fevereiro e outra no início de março de 2008, após a coleta de amostras de solo para fins de fertilidade (na camada de 0-0,20 m), realizada em ambos os locais de cultivo. Os resultados da análise de solo são os seguintes, para Votuporanga e Selviria, respetivamente: P (resina): 28 e 8 mg dm^{-3}; matéria orgânica (MO): 14 e 19 mg dm^{-3}; pH ($_{CaCl2}$): 5,2 e 4,2; K: 3,8 e 1,0 mmolc dm^{3}; Ca: 16 e 6 mmolc dm^{-3}; Mg: 8 e 6 mmolc dm^{-3}; H+Al: 16 e 47 mmolc dm^{-3}; Al: 0 e 8 mmolc dm^{-3}; S-SO4: 2 e 3 mg dm^{-3}; saturação de bases (V): 63 e 22%. A calagem foi efectuada apenas na Selviria, com o objetivo de elevar a saturação de bases para 70%, uma vez que no ano seguinte seria introduzida a cultura do milho na área, utilizando-se 3400 kg ha^{-1} de calcário dolomítico, com PRNT de 85%, incorporado com a segunda gradagem.

Foram utilizadas as seguintes culturas de cobertura com as seguintes quantidades de sementes: sorgo em grão (*Sorghum bicolor* (L.) Moench) cultivar DKB 550, com 85% de germinação: 6, 7 e 8 kg ha^{-1}; milheto (*Pennisetum americanum* (L.) Leek) cultivar BN 2, com 60% de germinação: 10, 15 e 20 kg ha^{-1}; capim sudão (*Sorghum sudanense* (Piper) Stapf) com valor cultural (VC) de 43,5%, sendo corrigido para 100%: 12; 15 e 18 kg ha^{-1}; híbrido de *S. bicolor* com *S. sudanense* cultivar Cover Crop, com germinação de 74%, sendo acrescido de 10%: 8, 9 e 10 kg ha^{-1} e *Urochloa ruziziensis* (Syn. *Brachiaria ruziziensis*) (cultivar simples), com VC de 50,7%, sendo adicionados de 10%: 8, 12 e 16 kg ha^{-1}. As diversas quantidades de sementes adotadas foram baseadas em recomendações dos detentores de sementes e em diversos estudos bibliográficos.

Os espaçamentos entre as linhas utilizadas foram: *S. bicolor*: 0,45 m; *P. americanum*: 0,225 m; *S. sudanense*: 0,225 m; hibrido de *S. bicolor* com *S. sudanense*: 0,45 m e *U. ruziziensis*: 0,225 m.

O tratamento controle com vegetação espontânea foi composto principalmente por *Cenchrus echinatus* L. e *Digitaria horizontalis* Willd, em ambos os locais. As parcelas com o tratamento controle foram deixadas em pousio após o preparo do solo e o cultivo da soja; no entanto, receberam os mesmos tratos culturais de culturas de cobertura.

As culturas de cobertura foram semeadas mecanicamente em 24/03/2008 em Votuporanga, com parcelas de semeadoras, e manualmente em 26/03/2008 em Selviria, abrindo as linhas de plantio com enxadas, distribuindo as sementes nas linhas e, em seguida, tampando as linhas com as enxadas.

A semeadura das culturas de cobertura foi realizada após a adubação de semeadura, e foram realizadas mecanicamente com semeadoras de grãos em toda a área, incluindo as parcelas de controle , utilizando o adubo formulado 08-28-16 nas doses de 170 e 315 kg ha^{-1}, em Votuporanga e Selviria respetivamente.

A adubação de cobertura foi realizada manualmente a lanço em toda a área, inclusive nas parcelas com o tratamento controle, utilizando-se sulfato de amônio na dose de 185 kg ha^{-1}, aos 15 dias após a semeadura e uréia na dose de 170 kg ha^{-1}, aos 30 dias após a semeadura, em Votuporanga, e uréia, nas doses de 65 kg ha^{-1}, e cloreto de potássio na dose de 35 kg ha^{-1}, aos 30 dias após a semeadura, em Selviria. A planta *S. bicolor* foi utilizada como planta de referência para a semeadura, por ser a cultura de cobertura mais exigente, com base nas recomendações do Boletim Técnico 100 (Raij et al., 1997).

O corte das panículas do *S. bicolor*, do *P. americanum* e do *S. sudanense* foi realizado respetivamente aos 115, 110 e 125 dias após a semeadura, simulando a colheita de grãos e/ou sementes. O híbrido *de S. bicolor* com *S. sudanense* e *U. ruziziensis* foram cortados a 0,20 m do solo e retirados da área, respetivamente, aos 95 e 145 dias após a semeadura, simulando a ensilagem do híbrido e a fenação da *U. ruziziensis*. No tratamento de controlo, deixou-se que a erva daninha se desenvolvesse normalmente. No final de agosto de 2008, todas as parcelas foram ceifadas. A primeira dessecação foi realizada no início de novembro e, após vinte dias, foi efectuada a segunda dessecação.

Após a cultura da soja foi realizada a dessecação manual, em sistema de plantio direto, nos dias 28/11/2008 e 03/12/2008, em Selviria e Votuporanga, respetivamente, utilizando a cultivar M-Soy 7908 RR, em espaçamento de 0,45 m com 14 sementes m^{-1}, e 250 kg ha^{-1} e 350 kg ha^{-1} de adubo formulado 04-20-20, em Votuporanga e Selviria, respetivamente, conforme Boletim Técnico 100 (Raij et al., 1997).

A colheita foi realizada em 08/04/2009 e 16/04/2009, em Selviria e Votuporanga, respetivamente.

As avaliações da fitomassa das coberturas foram realizadas no momento da colheita dos grãos (*S. bicolor*), da colheita das sementes (*P. americanum* e *S. sudanense*) e do corte (híbrido e *U. ruziziensis*), e antes da roçada do tratamento controle em ambos os anos do estudo, na pré-semeadura da soja, em 28/10/2008 e 06/11/2008, em Selviria e Votuporanga, respetivamente, amostrando-se duas alíquotas de 0.5 x 0,5 m por parcela da parte aérea das plantas de cobertura e do tratamento controle, que foram acondicionadas em sacos de papel e deixadas para secagem em estufa de ventilação forçada, a 65-70°C, por 72 horas.

Na cultura da soja, a altura de planta e a altura da primeira vagem foram avaliadas em dez plantas de duas linhas centrais de cada parcela. O estande final m^{-1}, a quantidade total de vagens por $planta^{-1}$, incluindo vagens com grãos com desenvolvimento inadequado, massa de cem grãos e rendimento de grãos, foram avaliados em três metros de duas linhas centrais de cada parcela. As avaliações foram realizadas no momento da colheita, 08/04/2009 e 16/04/2009, em Selviria e Votuporanga, respetivamente.

A Tabela 1 apresenta a produtividade de matéria seca em diversas coberturas, obtidas no momento do corte/colheita das coberturas e na pré-semeadura e floração da cultura da soja.

Tabela 1. Fitomassa das culturas de cobertura e do tratamento controle, nos municípios de Votuporanga e Selviria, no momento do corte/colheita das coberturas (1) e na pré-semeadura (2) e floração da cultura da soja (3).

	Votuporanga				Selviria		
Coberturas	*	1	2	3	1	2	3
					Mg ha^{-1}		
S. bicolor	6	14,0 bcd	3,5 a.C.	2.1 a.C.	11,9 abc	2.4 de	1,9 ef
S. bicolor	7	16.2 a.C.	3.8 a.C.	1.7 c	12.6 ab	3.4 cde	2.2 ef
S. bicolor	8	15,3 bcd	4,5 abc	2,5 a.C.	11,9 abc	3.0 cde	2.3 def

P. americanum	10	7.4 efg	2.9 c	3.2 abc	6.3 cde	2,7 cde	2.3 def
P. americanum	15	6,3 fg	3,5 a.C.	3,5 abc	6.2 cde	3.3 cde	2.0 ef
P. americanum	20	7.4 efg	3.6 a.C.	2,5 a.C.	5.8 de	2.5 de	2.8 cdef
S. sudanense	12	12,6 cde	6.9 ab	4.8 a	6,9 bcde	7.7 ab	6.2 a
S. sudanense	15	12,0 cdef	6,3 abc	3,6 abc	6,8 bcde	7.5 ab	4,7 abc
S. sudanense	18	11.2 cdef	7.9 a	3,7 abc	6,7 cde	8.8 a	5.2 ab
Híbrido	8	19.8 ab	6.3 abc	2.6 a.C.	14.8 a	1.5 e	2.0 ef
Híbrido	9	23.8 a	7.6 a	2.6 a.C.	13.3 a	0.9 e	1,6 ef
Híbrido	10	23.0 a	5,5 abc	1.8 a.C.	15.4 a	1.2 e	1.2 f
U. ruziziensis	8	10,8 cdef	4,7 abc	3.3 abc	11.1 abcd	5.7 a.C.	4,3 abcd
U. ruziziensis	12	10.2 cdef	5,5 abc	3.8 ab	11,3 abcd	5.7 a.C.	5.8 a
U. ruziziensis	16	9.4 def	5,5 abc	3,7 abc	9,8 abcd	5.1 bcd	4.8 abc
Controlo	-	2.5 g	3.6 a.C.	3,7 abc	3.4 e	3.4 cde	3,6 bcde
DMS		6.081	3.458	2.017	5.884	3.044	2.118
CV (%)		18.81	26.46	25.56	23.84	29.49	24.96

Os valores médios seguidos pela mesma letra na coluna não são significativamente diferentes entre si, de acordo com o teste de Tukey (5% de probabilidade).

* Quantidades de sementes (kg $ha^{-1)}$.

DMS: diferença mínima significativa.

CV: coeficiente de variação.

Fonte: Borges et al. (2015a) e Borges et al. (2015c).

Figure 1 demonstra duas culturas de cobertura utilizadas na experiência.

Figura 1. Fitomassa de *Urochloa ruziziensis* e híbrido de *Sorghum bicolor* com *Sorghum sudanense* ao fundo, Votuporanga, 12/05/2008.

Avaliando-se a fitomassa acumulada pelas culturas de cobertura em cada ano do estudo, somando-se a fitomassa obtida antes da análise da biomassa acumulada para cobertura em cada ano de estudo, somando-se a biomassa obtida antes da ceifa à biomassa obtida na pré-semeadura da soja no primeiro ano, e na pré-semeadura do milho no segundo ano, é possível verificar que, nos dois anos de estudo e em ambos os locais, as três densidades de semeadura de *S. sudanense* e as densidades de 6 e 8 kg ha^{-1} de *S. bicolor* propiciaram acúmulo de biomassa superior a 10,0 Mg ha^{-1}, quantidade mínima de matéria seca acumulada por ano, em região de Cerrado, para manutenção adequada do sistema de plantio direto, conforme Cordeiro (1999) e Amado (2000). Por outro lado, o tratamento controle com a mesma adubação das culturas de cobertura, mas sem produzir grãos, sementes ou forragem, acumulou menos de 7,0 Mg ha^{-1}.

Esse fato demonstra que a utilização de áreas em pousio para o sistema de plantio direto pode não trazer ao trabalhador agrícola os diversos benefícios relacionados ao uso dessa prática, bem como pode dificultar o manejo de plantas daninhas em culturas comerciais, por aumentar o banco de sementes de plantas daninhas.

A adubação realizada em todas as parcelas proporcionou um bom desenvolvimento de todas as coberturas, inclusive do tratamento controle, que acumulou em quantidades superiores a 5,0 Mg ha^{-1} de matéria seca, sendo superior ao relatado por Torres et al. (2005), o que pode ter favorecido o desenvolvimento da soja, pois o tratamento controle não diferiu dos demais tipos de cobertura, em relação à altura de planta, estande final m^{-1}, número de vagens planta^{-1}, massa de cem grãos e rendimento de grãos de soja, em nenhum dos dois locais, conforme Tabelas 2 e 3.

Tabela 2. Valores médios das caraterísticas agronômicas da cultura da soja em diferentes coberturas, Votuporanga, 2009.

Capa	*	Altura da inserção (m)	Altura de plantas (m)	Final stand m-1	Número de cadeias de caracteres planta^{-1}	Massa de 100 grãos (g)	Produtividade dos grãos (kg ha^{-1})
S. bicolor	6	0.16	0.49	8.50	105.00	18.63	4147 ab
S. bicolor	7	0.15	0.53	9.38	81.75	18.41	4219 ab
S. bicolor	8	0.11	0.47	8.46	105.50	17.48	4097 ab
P. americanum	10	0.14	0.47	9.21	97.25	18.72	4613 ab
P. americanum	15	0.12	0.46	8.63	91.00	19.76	4639 ab
P. americanum	20	0.16	0.52	8.21	91.50	18.55	4218 ab
S. sudanense	12	0.13	0.48	9.00	90.75	18.46	3974 ab
S. sudanense	15	0.13	0.43	9.13	75.25	18.66	3841 ab
S. sudanense	18	0.14	0.50	9.04	67.00	17.43	3274 b
Híbrido	8	0.12	0.46	7.96	86.00	17.82	3800 ab
Híbrido	9	0.14	0.46	8.88	82.25	17.82	3987 ab

Híbrido	10	0.13	0.44	8.17	92.75	19.01	4115 ab
U. ruziziensis	8	0.14	0.51	8.92	72.50	18.70	4396 ab
U. ruziziensis	12	0.13	0.47	8.67	85.25	18.00	4721 a
U. ruziziensis	16	0.12	0.49	9.84	103.50	18.04	4679 a
Controlo	-	0.15	0.55	8.28	94.00	18.30	4194 ab
DMS		10.11	13.86	2.80	59.37	3.44	1381
CV (%)		29.09	11.19	12.46	26.08	7.30	12.88

Os valores médios seguidos pela mesma letra na coluna não são significativamente diferentes entre si, de acordo com o teste de Tukey (5% de probabilidade).

Fonte: Borges et al. (2015a) e Borges et al. (2015b).

Tabela 3. Valores médios das caraterísticas agronómicas da cultura da soja, em diferentes coberturas, Selviria, 2009.

Capa	*	Altura da inserção (m)	Altura das plantas (m)	Posição final m^{-1}	Número de cadeias de caracteres da fábrica^{-1}	Massa de 100 grãos (g)	Produtividade dos grãos (kg ha^{-1})
S. bicolor	6	0.14 d	0.71	8.46	102.50	16.47	3347
S. bicolor	7	0,18 bcd	0.73	8.33	73.00	16.91	2420
S. bicolor	8	0,19 abcd	0.75	7.63	83.25	15.67	2289
P. americanum	10	0,17 bcd	0.82	9.00	83.75	16.60	2396
P. americanum	15	0,18 bcd	0.71	6.58	64.25	15.81	2474
P. americanum	20	0,16 cd	0.72	9.17	74.25	16.55	2686
S. sudanense	12	0,19 abcd	0.78	8.46	78.00	16.33	2853
S. sudanense	15	0,22 abc	0.73	8.08	69.75	16.40	2787
S. sudanense	18	0,20 abcd	0.74	8.50	69.75	15.57	2511
Híbrido	8	0,17 bcd	0.68	8.79	91.50	15.74	2854
Híbrido	9	0,20 abcd	0.78	7.50	93.25	16.44	2424
Híbrido	10	0,16 cd	0.76	8.38	106.75	15.74	2827

U. ruziziensis	8	0,21 abc	0.83	8.54	67.50	15.96	2941
U. ruziziensis	12	0.25 a	0.82	8.34	67.50	16.30	2266
U. ruziziensis	16	0,24 ab	0.85	8.34	50.50	15.92	2537
Controlo	-	0,17 bcd	0.78	8.58	95.00	15.06	2545
DMS		6.67	23.36	4.07	56.72	2.62	1228
CV (%)		13.74	11.96	19.17	27.86	6.34	18.19

Os valores médios seguidos pela mesma letra na coluna não são significativamente diferentes entre si, de acordo com o teste de Tukey (5% de probabilidade).

Fonte: Borges et al. (2015a) e Borges et al. (2015b).

Em Votuporanga, as diferentes quantidades de sementes das diversas culturas de cobertura e do tratamento controle, resultaram em diferenças significativas na produtividade de grãos de soja, com os gastos de sementes de 12 e 18 kg ha^{-1} de *U. ruziziensis* apresentando maior produtividade, superior a 4650 kg ha^{-1}, e diferindo das quantidades de sementes de 18 kg ha^{-1} de *S. sudanense*, que apresentaram menor produtividade, 3274 kg ha^{-1}. No entanto, essa produtividade foi superior à média nacional da safra 2008/09, que foi de

2629 kg ha^{-1} (CONAB, 2012), enquanto que a produção de grãos de *U. ruziziensis* e de *P. americanum*, nas três diferentes quantidades de sementes e no tratamento controle foi superior ao relatado por Pacheco et al. (2011), na mesma época, em Rio Verde, Estado de Goiás, Brasil.

Em relação à altura da primeira vagem, altura de planta, estande final m^{-1}, número de vagens e massa de cem grãos da soja, as diferentes quantidades de sementes de diferentes coberturas e o tratamento padrão, não proporcionaram diferenças significativas. No entanto, os valores da massa de cem grãos foram superiores aos registrados por Nunes et al. (2010), na safra 2005/06 em Jaboticabal, Estado de São Paulo, Brasil, relacionados a *Urochloa decumbens* e *Urochloa brizantha*.

Em Selviria, as diferentes quantidades de sementes das diferentes coberturas e dos tratamentos padrão, propiciaram diferenças significativas em relação à altura de inserção da primeira vagem da soja, sendo que as três diferentes quantidades de sementes de *U. ruziziensis* e a quantidade de sementes de 15 kg ha^{-1} de *S. sudanense*, apresentaram as maiores alturas de inserção e diferiram da quantidade de sementes de 6 kg ha^{-1} do *S. bicolor*. Em relação às plantas altura, estande final m^{-1}, número de vagens por $planta^{-1}$, massa de cem grãos e grão de soja, as diferentes quantidades de sementes das diferentes coberturas e o tratamento controle, não propiciaram diferenças significativas, corroborando os resultados obtidos por Carvalho et al. (2004) que não registraram diferenças significativas na massa de cem grãos da cultura da soja. Por outro lado, Muraishi et al. (2005) verificaram diferenças relacionadas à altura de planta e massa de mil grãos de soja.

Figure 2 apresentou a cultura da soja cultivada em diferentes coberturas na Selviria.

Figura 2. Soja em sistema de plantio direto sobre culturas de cobertura, Selviria, 20/01/2009.

Referências

Alvarenga, Ramon Costa; Cabezas, Waldo Alejarulro Lara; Cruz, José Carlos; Santana, Derli Prudente. 2001. "Plantas de cobertura de solo para sistema plantio direto". *Informe Agropecuàrio* 22:25-36.

Amado, Telmo Jorge Carneiro. 2000. "Manejo da palha, dinâmica da matéria orgânica e ciclagem de nutrientes em plantio direto". Trabalho apresentado no Encontro Nacional de Plantio Direto na Palha, 7., Foz do Iguaçu, Paraná 105-111.

Borges, Wander Luis Barbosa. 2015. Plantas de Cobertura para Lavouras Paulista. *A Granja* 79:59-61.

Borges, Wander Luis Barbosa; Alves, Marlene Cristina; Sà, Marco Eustàquio. 2015a. *Plantas de Cobertura em Rotaçâo com Soja e Milho*. Saarbrücken: Editora Novas Ediçôes Acadêmicas.

Borges, Wander Luis Barbosa; Freitas, Rogério Soares; Mateus, Gustavo Pavan; Sà Marco Eustàquio; Alves, Marlene Cristina. 2015b. "Produçao de soja e milho cultivados sobre diferentes coberturas". *Revista Ciência Agronòmica* 46:89-98.

Borges, Wander Luis Barbosa; Freitas, Rogério Soares; Mateus, Gustavo Pavan; Sà, Marco Eustàquio; Alves, Marlene Cristina. 2015c. "Plantas de cobertura para o noroeste do estado de São Paulo". *Ciência Rural* 45:799-805.

Brancaliao, Sandro Roberto; Moraes, Maria Helena. 2008. "Alteraçôes de alguns atributos fisicos e das fraçôes hùmicas de um Nitossolo vermelho na sucessao milheto-soja em sistema plantio direto". *Revista Brasileira de Ciência do Solo* 32:393-404.

Carvalho, Marco Antonio; Athayde, Manoel Luiz Ferreira; Soratto, Rogério Peres; Alves, Marlene Cristina; Arf, Orivaldo. 2004. "Soja em sucessao a adubos verdes no sistema de plantio direto e convencional em solo de Cerrado". *Pesquisa Agropecuária Brasileira* 39:1141-1148.

Companhia Nacional de Abastecimento (CONAB). 2012. "Séries históricas relativas às safras 1976/77 a 2009/2010 de àrea plantada, produtividade e produçao". Brasília, DF, 2012. (Série histórica)" Acessado em 09 de maio.

http://www.conab.gov.br/conteudos.php?%20a=1252&t=.

Cordeiro, Luiz Adriano Maia. 1999. "Importância da rotaçao de culturas para o sistema plantio direto". Trabalho apresentado no Seminàrio Sobre O Sistema Plantio Direto na UFV, 2., Viçosa, Minas Gerais 165-190.

Empresa Brasileira de Pesquisa Agropecuária (EMBRAPA). 2013. *Sistema brasileiro de classificaçâo de solos*. 3.ed. Brasilia: Embrapa.

Mai, Marlon Evandro Müller; Ceretta, Carlos Alberto; Basso, Claudir José; Silveira, Marcio José; Pavinato, Aurélio; Pavinato, Paulo Sérgio. 2002. "Manejo da adubaçao nitrogenada na sucessao aveia preta/milho, no sistema plantio direto". *Revista Brasileira de Ciência do* Solo 26:163-171.

Muraishi, Cid Tacaoca; Freitas Leal, Aguinaldo José; Lazarini, Edson; Rebuà Rodrigues, Leandro; Gomes Junior, Francisco Guilhien. 2005. "Manejo de espécies vegetais de cobertura de solo e produtividade do milho e da soja em semeadura direta". *Ata Scientiarum. Agronomia* 27: 199-207.

Nunes, Anisio Silva; Timossi, Paulo César; Pavani, Maria do Carmo Morelli Damasceno; Alves, Pedro Luis da Costa Aguiar. 2010. "Formação de cobertura vegetal e manejo de plantas daninhas na cultura da soja em sistema plantio direto". *Planta Daninha* 28:727-733.

Pacheco, Leandro Pereira; Barbosa, Juliano Magalhaes; Leandro, Wilson Mozena; Machado, Pedro Luiz Oliveira de Almeida; Assis, Renato Lara; Madari, Beâta Emoke; Petter, Fabiano André. 2011. "Produçao e ciclagem de nutrientes por plantas de cobertura nas culturas de arroz de terras altas e de soja". *Revista Brasileira de Ciência do Solo* 35:1787-1799.

Raij, Bernardo van; Cantarella, Heitor; Quaggio, José Antonio; Furlani, Ângela Maria Cangiani. (Eds.). 1997. *Recomendaçoes de adubaçâo e calagem para o Estado de São Paulo*. 2. ed. Campinas: Instituto Agronòmico - IAC. (Boletim Tècnico, 100)

Stone, Luis Fernando; Silveira, Pedro Marques; Moreira, José Aloisio Alves; Braz, Antônio Joaquim Braga Pereira. 2006. "Evapotranspiraçao do feijoeiro irrigado em plantio direto sobre diferentes palhadas de culturas de cobertura". *Pesquisa Agropecuária Brasileira* 41:577-582.

Torres, José Luiz Rodrigues; Pereira, Marcos Gervàsio; Andrioli, Itamar; Polidoro, José Carlos; Fabian, Adelar José. 2005. "Decomposiçao e liberaçao de nitrogênio de residuos culturais de plantas de cobertura em um solo de cerrado". *Revista Brasileira de Ciência do Solo* 29:609-618.

Trabuco, Milaine. 2008. *Producão de milho em plantio direto após plantas de cobertura.* Dissertaçao (Mestrado em Agronomia), Faculdade de Ciências Agrârias e Veterinârias, Universidade Estadual Paulista.

Capítulo 3

Sistema de plantio direto de soja sobre a palha de cana-de-açúcar

Durante vários anos a colheita da cana-de-açúcar foi realizada manualmente com a queima prévia da palha, para aumentar a eficiência da operação. Esse sistema de amostragem reduz a quantidade de matéria orgânica no solo, aumenta a concentração de dióxido de carbono na atmosfera, contribuindo para o efeito estufa e para a diminuição do teor de matéria orgânica no solo (Souza et al., 2005).

No entanto, a lei estadual 11.241 estabeleceu, para o ano de 2021, a extinção da queima da palha como método de pré-colheita da cana-de-açúcar na maior parte das áreas cultivadas de São Paulo, Brasil. O Protocolo Etanol Verde, uma iniciativa do Governo do Estado e do setor sucroalcooleiro, antecipou esse período para 2014 e prevê a concessão anual de um certificado de conformidade aos produtores que adotarem boas práticas de manejo (CANASAT, 2013).

Qualquer mudança no sistema de produção provoca alterações nas condições microclimáticas de maior ou menor grau (Kuva, 2006). De acordo com Staben et al. (1997), a degradação do solo pelo cultivo manifesta-se pela erosão, redução da matéria orgânica, perda de nutrientes, compactação do solo, redução das populações microbianas, das actividades enzimáticas e do pH. Desta forma, é imprescindível a adoção de práticas agrícolas sustentáveis, induzindo menores danos ao ambiente em que se inserem, bem como estudos sobre o efeito que diferentes sistemas podem causar ao meio produtivo, definindo a melhor estratégia de uso e manejo, buscando sempre a melhoria da qualidade de vida humana, animal e vegetal (Paredes Junior, 2012).

A prática da cana-de-açúcar sem despalha por queima na colheita pode contribuir significativamente para a melhoria da fertilidade do solo, por meio da atividade dos microrganismos do solo, disponibilizando esses nutrientes para a absorção pelas plantas (Abramo Filho et al., 1993; Trivelin et al., 1996).

O sistema de plantio direto em áreas com palhada de cana-de-açúcar teve início em meados da década de 80, com a avaliação e adaptabilidade de variedades de culturas utilizadas como rotação da reforma da cana-de-açúcar período. Na década de 90, com as dificuldades do setor sucroalcooleiro e com o aumento progressivo do corte mecânico do açúcar bruto, intensificaram-se os estudos relacionados à redução dos custos operacionais da lavoura e ao aproveitamento racional da grande quantidade de palha da safra anterior, que dependendo da variedade varia de 9 a 15 toneladas por hectare (Nogueira, 2012).

Tasso Junior (2000) estabeleceu algumas vantagens do sistema de plantio direto na palha da cana-de-açúcar: maior vigor, taxa de crescimento e desenvolvimento da planta; maior resistência aos veranicos; menor ataque de pragas; na soja, maior velocidade dos efeitos da inoculação; conservação da umidade; controle da erosão e cobertura do solo; aumento da capacidade de infiltração da água da chuva; estabilidade na temperatura do solo, favorecendo as propriedades biológicas do solo; auxílio no controle de plantas daninhas por suspensão ou alelopatia; redução da compactação devido ao menor tráfego de equipamentos no campo.

Tradicionalmente, durante o período de renovação, são cultivadas leguminosas com adubos verdes ou comerciais, especialmente a soja, que contribui para amortizar cerca de 40% do custo de implantação do novo canavial. O uso de cultivares de soja RR pode contribuir significativamente para ampliar a adoção do sistema de plantio direto, pois não há necessidade de esperar a rebrota da soqueira (entre 45 e 50 dias) para realizar a destruição química, além de maior praticidade e eficiência no controle de plantas daninhas de difícil controle (Bolonhezi et al., 2008).

Finoto et al. (2012) avaliaram a produção de soja RR e a ocorrência de plantas daninhas em áreas de reforma de canaviais com diferentes manejos na destruição de tocos, e constataram que a semeadura da soja em método de manejo já estabelecido (semeadura prévia por dessecação), conferiu incrementos de 911 kg ha^{-1} de rendimento de grãos quando comparada à lavoura convencional.

Por ser uma tecnologia nova, a produção de soja sobre a palha da cana-de-açúcar, na renovação dos canaviais com colheita sem queima, tem suscitado muitas dúvidas, principalmente quanto às cultivares recomendadas para essa condição.

Com o objetivo de avaliar o desempenho de diferentes cultivares de soja sobre a palha da cana-de-açúcar, foi desenvolvida uma pesquisa em cooperação com a APTA e a Coordenadoria de Assistência Técnica Integral (CATI) da SAA/SP e com o apoio da Fundação Agrisus - Agricultura Sustentável, na região Noroeste do Estado de São Paulo, Brasil. Os resultados apresentados neste capítulo foram retirados de Borges et al. (2013).

Na safra 2011/12, o estudo foi conduzido em Araçatuba, São Paulo, Brasil, e na safra 2012/13, em Aracatuba e Américo de Campos, São Paulo, Brasil, com a semeadura da soja realizada mecanicamente, com semeadura de grãos, em sistema de plantio direto sobre palha de cana-de-açúcar proveniente de colheita de queima livre (cana crua), durante a renovação dos canaviais.

<u>Temporada 2011/12</u>:

A semeadura da soja foi realizada em 28 de novembro de 2011, utilizando as cultivares de soja: P 98Y11 RR; CD 219 RR; M-Soy 7908 RR; BRS Valiosa RR e SYN 9078 RR.

A calagem e o gesso foram efectuados a lanço sobre a palha, durante a pré-sementeira, com 1033 kg ha^{-1} de calcário e 1033 kg ha^{-1} de gesso. Na adubação de semeadura foram utilizados 330 kg ha^{-1} do adubo formulado 05-25-15.

<u>Temporada 2012/13</u>:

A semeadura da soja foi realizada no dia 13 de novembro de 2012, em Araçatuba e no dia 20 de dezembro de 2012, em Américo de Campos, utilizando cinco cultivares de soja: P 98Y11 RR; NA 7490 RR; M-Soy 7908 RR; BRS Valiosa RR e SYN 9078 RR.

A cultivar CD 219 RR, utilizada na campanha anterior, foi substituída pela cultivar NA 7490 RR, devido à dificuldade de aquisição de sementes.

Em Araçatuba, a calagem e o gesso foram realizados na pré-semeadura, a lanço sobre a palha, com 1200 kg ha^{-1} de calcário e 400 kg ha^{-1} de gesso. Na adubação de semeadura, foram utilizados 240 kg ha^{-1} do adubo formulado 06-18-18 com 10,0% de S, 0,3% de B e 0,2% de Zn. Para a inoculação das sementes foram utilizadas cinco doses de inoculante. O espaçamento utilizado foi de 0,45 m e a taxa de semeadura variou de acordo com a recomendação dos detentores das cultivares. A área total de cada parcela foi de 12,15 m de largura por 50 m de comprimento (607,5 m^2).

Em Américo de Campos, a calagem e o gesso foram realizados na pré-semeadura, a lanço sobre a palha, com 2000 kg ha^{-1} de calcário e 1000 kg ha^{-1} de gesso. Na adubação de semeadura, foram utilizados 250 kg ha^{-1} do adubo formulado 04-20-20. Para a inoculação das sementes foram utilizadas cinco doses do inoculante líquido. O espaçamento utilizado foi de 0,5 m e a densidade de semeadura variou de acordo com a recomendação dos detentores da cultivar. A área total de cada parcela foi de 3,5 m de largura por 50 m de comprimento (175 m^2).

Foi realizado o tratamento fitossanitário adequado para o bom desenvolvimento da cultura da soja, em ambos os locais, nos dois anos de estudo. A amostragem de solo foi realizada no início de setembro de 2011, na safra 2011/12, e no início de outubro de 2012, na safra 2012/13 coletando amostras de 0-0,05, 0,050,20 e 0,20-0,40 m, para análise de macronutrientes do solo, em ambas as localidades. Os resultados são apresentados na Tabela 1.

Tabela 1. Resultados de análises de solo, em diferentes profundidades em Araçatuba, 2011/12, e em Araçatuba e Américo de Campos, temporada 2012/13.

Profundidade (m)	P (Resina) mg dm^{-3}	MO g dm^{-3}	pH ($CaCl_2$)	K	Ca	Mg	H+Al	Al	V (%)
				mmolc dm^{-3}---------------					
		Araçatuba, temporada 2011/12							
0-0.05	8	17	5.3	3.5	29	11	20	0	68
0.05-0.20	5	15	5.2	2.2	25	10	20	0	64
0.20-0.40	4	13	5.3	1.0	23	8	19	0	63
		Araçatuba, temporada 2012/13							
0-0.05	4	20	5.4	2.9	24	13	19	0	66
0.05-0.20	3	14	5.2	1.0	13	7	19	0	53

0.20-0.40	2	12	4.4	0.7	7	5	24	4	34
		Américo de Campos, época 2012/13							
0-0.05	13	18	4.9	1.9	18	11	26	0	54
0.05-0.20	12	14	4.3	1.3	10	3	31	3	32
0.20-0.40	11	13	4.2	1.1	10	2	34	4	28

Fonte: Borges et al. (2013)

A amostragem do solo para análise física foi realizada no início de novembro de 2011, na época 2011/12 e no início de outubro de 2012, na época 2012/13. Foram avaliadas a densidade aparente, a macro e a microporosidade do solo, coletando-se três amostras por parcela nas profundidades de 0-0,05, 0,05-0,20 e 0,20-0,40 m. Os resultados são apresentados na Tabela 2.

Tabela 2. Teores médios de macroporosidade (M) e microporosidade (μ), porosidade total (PT) e densidade do solo (DP), em diferentes profundidades, em Araçatuba, safra 2011/12, e em Araçatuba e Américo de Campos, safra 2012/13.

Profundidade (m)	M	μ	TP	SD
	$m^3 m^{-3}$---------------			kg dm^{-3}
	Araçatuba, temporada 2011/12			
0-0.05	5.85	21.54	27.39	1.71
0.05-0.20	3.72	20.76	24.47	1.76
0.20-0.40	5.60	22.86	28.45	1.71
	Araçatuba, temporada 2012/13			
0-0.05	3.02	28.95	31.98	1.63
0.05-0.20	3.57	28.42	31.99	1.79
0.20-0.40	4.51	30.58	35.09	1.62
	Américo de Campos, época 2012/13			
0-0.05	5.23	27.99	33.22	1.79
0.05-0.20	6.33	24.61	30.94	1.79

0.20-0.40	4.87	26.63	31.50	1.75

Fonte: Borges et al. (2013)

Os resultados das análises granulométricas, para a camada de 0,05-0,20 m em ambos os locais e ambos os anos de estudo são apresentados na Tabela 3.

Tabela 3. Análises granulométricas para a camada de 0,05-0,20 m em Araçatuba, safra 2011/12, e em Araçatuba e Américo de Campos, safra 2012/13.

Localização/época	Argila	Silte	Areia
	g kg(-1 ----		
Araçatuba - temporada 2011/12	208	110	683
Araçatuba - temporada 2012/13	180	62	758
Américo de Campos - época 2012/13	83	127	790

Fonte: Borges et al. (2013)

A avaliação da fitomassa seca da palha da cana-de-açúcar foi realizada no momento da semeadura, no florescimento e na colheita da soja, coletando-se três amostras de 0,25 m^2 por parcela, em todas as parcelas, na safra 2011/12, e nas parcelas com as cultivares M-Soy 7908 RR e SYN 9078 RR, em Araçatuba e Américo de Campos, respetivamente, na safra 2012/13. Os resultados estão apresentados na Tabela 4.

Tabela 4. Valores médios de fitomassa seca da palha de cana-de-açúcar, no momento da semeadura, no florescimento e na colheita da cultura da soja, em Araçatuba, safra 2011/12, e em Araçatuba e Américo de Campos, safra 2012/13.

Localização/época	Semeadura	Floração	Colheita
		kg ha^{-1}	
Araçatuba - temporada 2011/12	19036	18948	3380
Araçatuba - temporada 2012/13	14450	11750	7626
Américo de Campos - época 2012/13	11200	7791	7517

Fonte: Borges et al. (2013)

Para a avaliação da fitomassa, no momento da semeadura, na safra 2012/13, após secagem e pesagem, as amostras foram encaminhadas ao laboratório de Relação Solo-

Planta, da Faculdade de Ciências Agronômicas de Botucatu (FCA) da UNESP, para avaliação do teor de nitrogênio e carbono na palha da cana-de-açúcar. Os resultados estão apresentados na Tabela 5.

Tabela 5. Teores de nitrogênio e carbono na palha da cana-de-açúcar, em Araçatuba e Américo de Campos, safra 2012/13.

Localização/época	Nitrogénio	Carbono
	g kg$^{(-1}$ --	
Araçatuba	0.51	43.5
Américo de Campos	0.37	40.3

Fonte: Borges et al. (2013)

Os parâmetros avaliados na cultura da soja foram: altura de inserção da primeira vagem, altura de planta, estande final ha^{-1} e número de vagens por planta, amostrando cinco plantas por parcela; e a produtividade de grãos ha^{-1}, amostrando 10 m nas linhas centrais de cada parcela. As avaliações foram realizadas no período da colheita. A produtividade (rendimento) foi obtida pela padronização da umidade dos grãos para 13%.

Na safra 2011/12, mesmo com o solo apresentando caraterísticas físicas inadequadas para o desenvolvimento adequado da maioria das culturas, com porosidade total, macro e microporosidade do solo abaixo do ideal (Tabela 2), a soja apresentou um bom desenvolvimento vegetativo, com a cultivar SYN 9078 RR apresentando altura de planta de 1.26 m, diferindo significativamente das demais, e boa produtividade de grãos, com a cultivar M-Soy 7908 RR, produzindo 4290 kg ha^{-1} de grãos, superior à produtividade média nacional da cultura da soja, na safra 2011/12, que foi de 2651 (CONAB, 2013), diferindo das demais, conforme Tabela 6.

Tabela 6. Caraterísticas agronômicas de diferentes cultivares de soja, Araçatuba, safra 2011/12.

Cultivar	Altura da inserção (m)	Altura de plantas (m)	Povoamento final ha^{-1*}	Número de cadeias	Produtividade dos grãos (kg ha^{-1})

				caracteres da fábrica-1	
M-Soy 7908 RR	0.20	0.88 B	248146	77	4290 a
P 98Y11 RR	0.23	0.89 B	270368	88	2965 b
BRS Valiosa RR	0.20	1.00 B	230862	87	2635 b
CD 219 RR	0.22	1.01 B	255553	82	2613 b
SYN 9078 RR	0.23	1.26 A	248146	73	2585 b
DMS	7.35	13.93		32	158.93
CV (%)	19.75	7.93		22	16.58

Os valores médios seguidos pela mesma letra na coluna não são significativamente diferentes entre si, de acordo com o teste de Tukey (5% de probabilidade).

* Os valores médios não foram comparados porque variaram consoante a recomendação do cultivador. Fonte: Borges et al. (2013)

As Figuras 1, 2 e 3 apresentam a soja do experimento realizado em Araçatuba, na safra 2011/12.

Figura 1. Soja em sistema de plantio direto sobre palha de cana-de-açúcar, Araçatuba, 14/12/2011.

Figura 2. Soja em sistema de plantio direto sobre palha de cana-de-açúcar, Araçatuba, 08/02/2012.

Figura 3. Palha de cana-de-açúcar, Araçatuba, 08/02/2012.

Na safra 2012/13, apesar de caraterísticas químicas e físicas do solo inadequadas, para o bom desenvolvimento da maioria das culturas, com alumínio na camada de 0,200.40 m, em ambas as localidades (Tabela 1), e porosidade total, macro e microporosidade abaixo da porosidade ótima e densidade do solo acima da ótima, em ambas as localidades (Tabela 2), a soja novamente apresentou bom desenvolvimento vegetativo, com produção média de grãos, em todas as cultivares, em ambas as localidades, de 3409 kg ha^{-1} (Tabela 7 e 8), superior à produtividade média nacional da cultura da soja, na safra 2012/13, que foi de 2941 kg ha^{-1} (dados estimados) (CONAB, 2013), indicando que o sistema de plantio direto com palha de cana-de-açúcar é um método viável para a região de estudo.

Tabela 7. Caraterísticas agronômicas de diversas cultivares de soja, Araçatuba, safra 2012/13.

Cultivar	Altura da inserção (m)	Altura de plantas (m)	Estande final ha^{-1}*	Produtividade (kg ha^{-1})
M-Soy 7908 RR	0.12	0,65 bc	225183	3506
BRS Valiosa RR	0.15	0,75 ab	191109	3259
SYN 9078 RR	0.14	0.79 a	248146	3224
P 98Y11 RR	0.14	0.57 c	239257	2946
NA 7490 RR	0.14	0,66 bc	305923	2773
DMS	0.0340	0.1029		2404
CV (%)	8.85	5.33		27.10

Os valores médios seguidos pela mesma letra na coluna não são significativamente diferentes entre si, de acordo com o teste de Tukey (5% de probabilidade).

* Os valores médios não foram comparados porque variaram de acordo com a recomendação do cultivador. Fonte: Borges et al. (2013)

Tabela 8. Caraterísticas agronómicas de várias cultivares de soja, Américo de Campos, época 2012/13.

Cultivar	Altura da inserção (m)	Altura das plantas (m)	Povoamento final ha-1 *	Número de cordas^{-} planta^{-1}	Produtividade dos grãos (kg ha^{-1})
BRS Valiosa RR	0.13 a	0.56 b	299333	37	4174
NA 7490 RR	0.11 c	0,63 ab	269333	40	4023
P 98Y11 RR	0,13 ab	0,58 ab	269333	34	3721
M-Soy 7908 RR	0.08 d	0.45 c	185333	59	3437
SYN 9078 RR	0,11 bc	0.64 a	272000	47	3022
DMS	0.0174	0.0789		42.1395	2885
CV (%)	5.40	4.89		34.44	27.80

Os valores médios seguidos pela mesma letra na coluna não são significativamente diferentes entre si, de acordo com o teste de Tukey (5% de probabilidade).

* Os valores médios não foram comparados porque variaram de acordo com a recomendação do cultivador. Fonte: Borges et al. (2013)

As figuras 4, 5 e 6 referem-se à soja do experimento realizado em Américo de Campos, na safra 2012/13.

Figura 4. Germinação da soja sobre a palha da cana-de-açúcar, Américo de Campos, 2013.

Figura 5. Soja em sistema de plantio direto sobre a palha da cana-de-açúcar, Américo de Campos, 08/03/2013.

Figura 6. Palha de cana-de-açúcar, Américo de Campos, 08/03/2013.

No segundo ano do estudo, as diversas cultivares não diferiram significativamente entre si, quanto à produtividade de grãos, conforme Tabelas 7 e 8, corroborando resultados obtidos por Bolonhezi et al. (2008), que não registraram diferenças entre as cultivares avaliadas.

Em relação à altura de planta e altura de inserção da primeira vagem da soja, a cultivar SYN 9078 RR apresentou a maior altura de planta, em ambos os locais, e a M-Soy 7908 RR a menor altura de inserção, em Américo de Campos.

No momento da colheita da cultura da soja, realizada aos 113 dias após a semeadura, em Américo de Campos, as cultivares BRS Valiosa RR e M-Soy 7908 RR apresentaram 23,5 e 16,5 % de umidade, respetivamente, enquanto as demais cultivares apresentaram umidade abaixo de 14%, ótima para a colheita. Timossi e Durigan (2006) verificaram que a cultivar M-Soy 6101 tornou-se mais adequada para ser utilizada no período de renovação da cana-de-açúcar, pois atingiu o estádio R8 (colheita) nove dias antes, e mencionaram que essa antecipação torna-se importante no momento do planejamento da implantação do novo canavial. Nos dois anos de estudo e nas duas localidades, todas as cultivares apresentaram produtividade superior à encontrada por Timossi e Durigan (2006), que foram de 2619,5 e 2513.2 kg ha^{-1}, respetivamente, para as cultivares CD 206 e M-Soy 6101, em Jaboticabal, SP, Brasil, em 2003/04, e a produtividade de grãos da cultivar M-Soy 7908 RR foi superior à encontrada por Bolonhezi et al. (2008), em Novais, SP, Brasil, em 2007/08, que foi de 2050 kg ha^{-1}.

Referências

Abramo Filho, J.; Matsuoka, S.; Sperandio, M.L.; Rodrigues, R.C.D.; Marchetti, L.L. 1993. "Resíduo da colheita mecanizada de cana crua". *Alcool & Açùcar* 67:23-25.

Bolonhezi, Denizart; Finoto, Everton Luis; Montezuma, M.C.; Michelotto, Marcos Doniseti; Paiva, Luiz Antonio; Queiroz, F.C.; Ferreira, J.A.H.; Bellucci, Eduardo; Martins, Antonio Lucio Mello; Fernandes, M. 2008. "Plantio direto de cultivares de soja RR na renovaçao de cana em condiçao de Argissolo" Trabalho apresentado na Reuniao de Pesquisa de Soja da Regiao Central do Brasil, 30., Rio Verde, Goiàs 45-47.

Borges, Wander Luis Barbosa; Mateus, Gustavo Pavan; Freitas, Rogério Soares; Hipólito, Jorge Luiz; Tokuda, Flâvio Sueo; Gasparino, Adriano Custódio; Tomazini, Nicola Roberto; Cazentini Filho, Gerson. 2013. "Desempenho de cultivares de soja em palhada de cana-de-açùcar no Noroeste Paulista". *Núcleo* 10:43-55.

CANASAT. "Mapeamento da cana via imagens de satélite". 2013. Acedido em 23 de maio. http://www.dsr.inpe.br/laf/canasat/tabelas.html.

Companhia Nacional de Abastecimento (CONAB). 2013. "Séries históricas relativas às safras 1976/77 a 2012/2013 de àrea plantada, produtividade e produçao. Brasília, DF, 2013. (Série histórica)". Acessado em 20 de maio.

http://www.conab.gov.br/conteudos.php?a=1252&t=&Pagina objcmsconteudos= 3#A objcmsconteudos.

Finoto, Everton Luis; Bolonhezi, Denizart; Soares, Maria Beatriz Bernardes; Martins, Antonio Lucio Mello. 2012. "Produçao de soja RR e ocorrência de plantas daninhas em àreas de reforma de cana crua com diferentes manejos na destruiçao da soqueira". *Pesquisa & Tecnologia* 9.

Kuva, Marcos António. 2006. *Banco de sementes, fluxo de emergência e fitossociologia de comunidade de plantas daninhas em agroecossistema de cana.* Tese (Doutorado em Agronomia), Faculdade de Ciências Agrárias e Veterinárias, Universidade Estadual Paulista.

Nogueira, Gustavo Almeida. "Plantio de soja em area de renovaçao com palha residual de colheita mecanizada de cana crua". 2012. Acessado em 22 de maio.

http://www.trabalhosfeitos.com/ensaios/Plantio-De-Soja-Em-%C3%81rea-De/351247.html

Paredes Júnior, Francisco Pereira. 2012. *Bioindicadores de qualidade do solo em cultivos de cana-de-açùcar sob diferentes manejos.* Dissertaçao (Mestrado em Agronomia), Universidade Estadual de Mato Grosso do Sul.

Souza, Zigomar Menezes; Prado, Renato Mello; Paixao, Antônio Claret Strini; Cesarin, Luiz Gilberto. 2005. "Sistemas de colheita e manejo da palhada de cana-de-açùcar". *Pesquisa Agropecuâria Brasileira* 40:271-278.

Staben, M.L.; Bezdicek, D.F.; Smith, J.L.; Fauci, M.F. 1997. Assentement of soil quality in conservation reserve program and wheat-fallow soils. *Soil Science Society ofAmerica Journal* 61:124-130.

Tasso Junior, Luiz Carlos. 2000. "Plantio direto de culturas de verao". *Revista do Agricultor,* 12-13.

Timossi, Paulo César; Durigan, Julio Cezar. 2006. Manejo de convolvulaceas em dois cultivares de soja semeada diretamente sob palha residual de cana crua. *Planta Daninha* 24:91-98.

Trivelin, Paulo Cesar Ocheuze; Rodrigues, Joao Crisòstomo Simoes; Victoria, Reynaldo Luiz. 1996. "Utilizaçao por soqueira de cana-de-açùcar de inicio de safra do nitrogênio da aquamônia-^{15}N e ureia-^{15}N aplicado ao solo em complemento à vinhaça". *Pesquisa Agropecuária Brasileira* 31:89-99.

Capítulo 4

O Uso de Nitrogênio no Sistema de Plantio Direto de Soja sobre a Palha de Cana-de-Açúcar

Considerando que, desde 2014, a queima da cana-de-açúcar não é permitida no Estado de São Paulo, os produtores de soja que arrendam suas propriedades, devem ser adaptados ao sistema de plantio direto, a fim de utilizar os benefícios agronômicos propiciados pela palha da cana-de-açúcar (aproximadamente 15 t ha^{-1}) (Bolonhezi et al., 2008).

A quantidade de resíduos (folhas e palmitos) resultantes da colheita mecanizada da cana crua, depende de várias condições intrínsecas relacionadas à colhedora, à planta ou ao manejo da planta (Abramo Filho et al., 1993).

Apesar dos grandes benefícios ambientais, operacionais e econômicos da colheita mecânica sem queima, a deposição e manutenção da palha sobre a superfície do solo trouxe algumas dificuldades no processo produtivo, as quais, aos poucos, estão sendo superadas pela pesquisa (Kuva, 2006). Entre essas dificuldades está a baixa taxa de mineralização líquida do nitrogênio (Trivelin et al., 1995).

No sistema de plantio direto, ocorre uma maior deficiência de nitrogênio, principalmente no plantio de gramíneas, pois o movimento descendente da água pode favorecer uma maior lixiviação de nitrato, já que a falta de movimentação do solo, nesse sistema, evita a quebra de capilaridade. Se essas condições ocorrerem, é necessário aumentar a adubação nitrogenada, principalmente em rotação com a cana-de-açúcar (Mascarenhas et al., 1978).

Com o objetivo de avaliar a influência do nitrogênio na produtividade de diferentes cultivares de soja, cultivadas em sistema de plantio direto sobre a palha da cana-de-açúcar, e a influência na degradação da palha, foi desenvolvida uma cooperação de pesquisa entre a APTA e a CATI, com o apoio da Fundação Agrisus - Agricultura Sustentável, na região noroeste do Estado de São Paulo, Brasil. Os resultados apresentados neste capítulo foram retirados de Borges et al. (2013).

A pesquisa foi desenvolvida em São Paulo, Brasil, na safra 2011/12, e em Araçatuba e Américo de Campos, São Paulo, Brasil, na safra 2012/13, sendo a soja semeada mecanicamente, com semeadoras de grãos, em sistema de plantio direto com palha de cana-de-açúcar sem queima (cana crua), na renovação do plantio da cana.

A semeadura da soja foi realizada em 28 de novembro de 2001, na safra 2011/12, e em 13 de novembro de 2012, em Araçatuba, e em 20 de dezembro de 2012, em Américo de Campos, na safra 2012/13.

Na safra 2011/12 foi utilizado um esquema fatorial de 5 x 2, com cinco cultivares de soja: P 98Y11 RR; CD 219 RR; M-Soy 7908 RR; BRS Valiosa RR e SYN 9078 RR, e duas doses de nitrogênio: 0 e 45 kg ha^{-1}, na forma de ureia e o nitrogênio foi aplicado na metade da área de cada parcela (25 m^2). Foi também utilizado um tratamento padrão, com 0 kg ha^{-1} de azoto. A ureia foi diluída em água (250 g L^{-1}) e a solução nitrogenada foi pulverizada sobre a palha da cana-de-açúcar, logo após a semeadura da soja. Na safra 2012/13, o estudo foi realizado com a cultivar M-Soy 7908 RR, em Araçatuba e com a cultivar SYN 9078 RR, em Américo de Campos, utilizando quatro tratamentos (doses de nitrogênio): 0, 30, 45 e 60 kg ha^{-1}, na forma de nitrato de amônio (30 e 60 kg $ha^{-1)}$ e uréia (45 kg $ha^{-1)}$. Foi também utilizado um tratamento padrão, com 0 kg ha^{-1} de azoto. As parcelas foram divididas em quatro subparcelas (tratamentos), com uma superfície de 25 m^2 cada. O nitrato foi distribuído sobre a palha da cana-de-açúcar, a ureia foi diluída em água (250 g L^{-1}) e a solução de nitrogênio foi pulverizada sobre a palha da cana-de-açúcar. O nitrogênio foi aplicado logo após a semeadura da soja.

As caraterísticas químicas e físicas do solo e da cultura da soja utilizadas neste estudo foram as mesmas apresentadas no capítulo anterior "Sistema de plantio direto sobre a palha da cana-de-açúcar", uma vez que ambos os experimentos foram realizados em paralelo, nos mesmos locais, nos dois anos do estudo.

A avaliação da fitomassa seca da palha da cana-de-açúcar foi realizada nas parcelas, com e sem aplicação de nitrogênio, no momento da semeadura e colheita da soja, na safra 2011/12, e durante a semeadura, floração e colheita da soja, na safra 2012/13, coletando-se três amostras de 0,25 m^2 cada, por parcela.

Os parâmetros avaliados na cultura da soja, em ambos os anos de estudo foram: altura da inserção da primeira vagem, altura da planta e número de vagens por planta, amostrando cinco plantas em cada parcela e o estande final ha^{-1} e a produtividade de grãos ha^{-1}, amostrando 10 m em duas linhas centrais de cada parcela. As avaliações foram realizadas durante a colheita.

No primeiro ano do estudo, onde a interação cultivares x nitrogênio foi significativa, foi realizado o desdobramento dos graus de liberdade, para verificar os efeitos das cultivares dentro do nitrogênio e do nitrogênio dentro das cultivares.

No primeiro ano do estudo, a quantidade de fitomassa seca da cana-de-açúcar, no momento da semeadura da soja, foi superior a 17000 kg ha^{-1}, conforme a Tabela 1, sendo essa quantidade superior à encontrada por Timossi e Durigan (2006), de 12800 kg ha^{-1}, e à estimada por Abramo et al. (1993), de aproximadamente 15000 kg ha^{-1}. Considerando os resultados obtidos por diversos autores brasileiros, Ripoli et al. (1990) estimaram que um hectare de cana-de-açúcar com rendimento agrícola de 70000 kg ha^{-1}, colhido sem queima prévia, resultaria em 7000 kg ha^{-1} de palha. No entanto, Trivelin et al. (1996) afirmaram que a quantidade de palha na cana-de-açúcar colhida sem queima pode variar de 10.000 a 30.000 kg ha^{-1}.

Tabela 1. Valores médios de fitomassa seca da palha de cana-de-açúcar, no momento da semeadura e da colheita da soja, com e sem aplicação de nitrogênio, Araçatuba, safra 2011/12.

Cultivar	Semeadura	Colheita
	kg ha(-1 ------------------	
P 98Y11 RR	18020	4000
CD 219 RR	19870	4067
M-Soy 7908 RR	20198	3333
BRS Valiosa RR	17784	4067
SYN 9078 RR	19310	3933
DMS (1)		2571

DMS (2)	1129
CV (%)	37.93

(1) Cultivar

(2) Azoto

Fonte: Borges et al. (2013)

Durante os dois anos de estudo, em ambos os locais, o uso de nitrogênio não influenciou a decomposição da palha, não apresentando diferenças dos tratamentos nitrogenados em relação ao tratamento padrão, sem nitrogênio (Tabelas 1, 2 e 3), corroborando resultados apresentados por Oliveira et al. (1999), que não encontraram influência da aplicação de uréia e vinhaça na degradação da lignocelulose e na liberação de nutrientes da palha da cana-de-açúcar. Por outro lado, Assis et al. (2003) afirmaram que a aplicação de nitrogênio sobre a palha de sorgo, na dose de 30 kg ha^{-1}, aumenta a taxa de decomposição e diminui a meia-vida dessa palha.

Tabela 2. Valores médios de fitomassa seca da palha de cana-de-açúcar, no momento da semeadura, floração e colheita da soja, Araçatuba, safra 2012/13.

Doses de azoto (kg ha^{-1})	Semeadura	Floração	Colheita
	kg ha$^{(-1}$------		
0	14450	11750	7626
30 (nitrato de amónio)	-	9100	5472
60 (nitrato de amónio)	-	7383	5833
45 (Ureia)	-	6667	6650
DMS		5736	3189
CV (%)		23.24	17.62

Fonte: Borges et al. (2013)

Tabela 3. Valores médios de fitomassa seca da palha de cana-de-açúcar, no momento da semeadura, floração e colheita da soja, Américo de Campos, safra 2012/13.

Doses de azoto	Semeadura	Floração	Colheita

(kg ha^{-1})		kg ha$^{(-1}$------	
0	11200	7791	7517
30 (nitrato de amónio)	-	9761	8417
60 (nitrato de amónio)	-	10015	9083
45 (Ureia)	-	8546	8267
DMS		2614	2407
CV (%)		10.23	10.23

Fonte: Borges et al. (2013)

A temperatura média superior a 25°C e a precipitação acumulada no período superior a 750 mm (Figuras 1 e 2), podem ter favorecido a decomposição mais rápida da palha, mesmo sem o uso de nitrogênio. Segundo Oliveira et al. (1999), como a decomposição dos resíduos culturais é fortemente influenciada pela temperatura, é possível inferir que, mesmo nos meses mais quentes e de maior disponibilidade hídrica (de janeiro a abril e de setembro a novembro), a mineralização da palha não é limitada apenas pela sua composição química e pode haver pelo menos o efeito da temperatura sobre o potencial de mineralização dessa palha, uma vez que foi observado por Stanford et al. (1973) e Katterer et al. (1998) que no intervalo de 5 a 35°C a taxa de mineralização dobra a cada 10°C de aumento na temperatura.

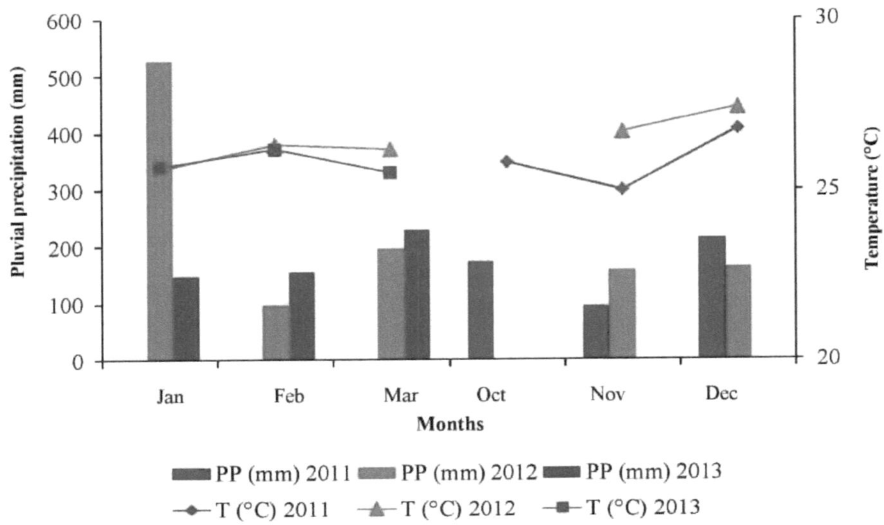

Figura 1. Data da precipitação pluvial (PP) e temperatura média (T), em Araçatuba, em o período de estudo, outubro de 2011 a março de 2012 e novembro de 2012 a março de 2013. CIIAGRO, 2013.

Fonte: Borges et al. (2013)

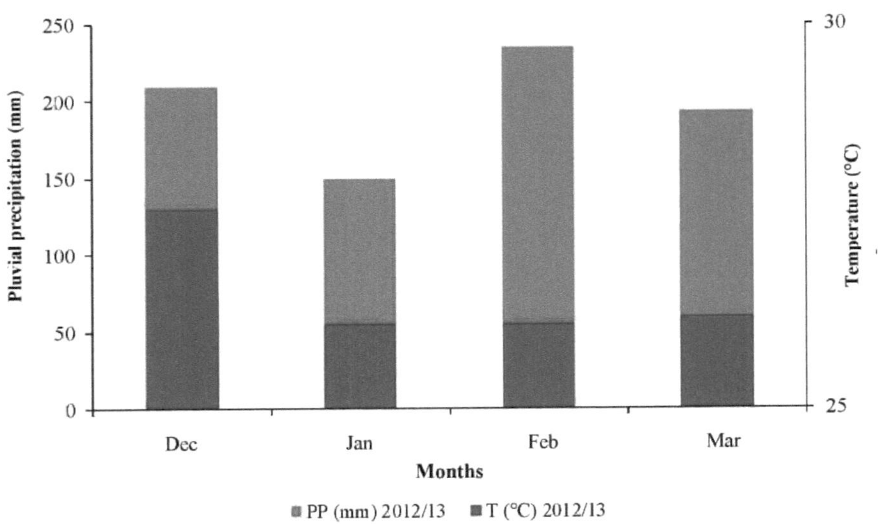

Figura 2. Datas de precipitação pluvial (PP) e temperatura média (T), em Paulo de Faria, (estação meteorológica mais próxima de Américo de Campos), no período de estudo, dezembro de 2012 a março de 2013. CIIAGRO, 2013.

Fonte: Borges et al. (2013)

No primeiro ano do estudo, o uso do nitrogênio influenciou o número de vagens por planta, com aumento do número de vagens para a cultivar P 98Y11 RR e diminuição para as cultivares CD 219 RR e BRS Valiosa RR, e também o rendimento de grãos, com redução da produtividade para a cultivar M-Soy 7908 RR, conforme Tabelas 4, 5 e 6. Diversos estudos utilizando nitrogênio na soja foram realizados. No entanto, há diferenças em relação aos ganhos de produtividade, sendo que Santos et al. (2000) constataram um aumento de 10,9% com a maior dose (120 kg ha^{-1}), e Lamond e Wesley (2001) obtiveram um aumento de 11% (471 kg ha^{-1}) com a adubação nitrogenada tardia, afirmando que esta prática é economicamente viável para produtores de soja irrigada de alta produtividade. Por outro lado, Aratani et al. (2008) não verificaram incremento na produtividade em relação ao tratamento sem N, independentemente da época de aplicação, e Crispino et al. (2001) não encontraram incrementos significativos com a dose inicial de 30 kg de N ha^{-1}.

Tabela 4. Caraterísticas agronômicas de diversas cultivares de soja, Araçatuba, safra 2011/12.

Cultivar	Altura da inserção (m)	Altura de plantas (m)	Povoamento final ha^{-1*}	Número de cadeias de caracteres da fábrica^{-1}	Produtividade dos grãos (kg ha^{-1})
M-Soy 7908 RR	0.23	0.89	270368	88	2965
P 98Y11 RR	0.22	1.01	255553	82	2613
Valiosa RR	0.20	0.88	248146	77	4290
CD 219 RR	0.20	1.00	230862	87	2635
SYN 9078 RR	0.23	1.26	248146	73	2585

DMS (1)	7.35	13.93	32	158.93
DMS (2)	3.23	6.11	14	69.75
CV (%)	19.75	7.93	22	16.58

* Os valores médios não foram comparados porque variaram consoante a recomendação do detentor da cultivar.

(1) Cultivar

(2) Azoto

Fonte: Borges et al. (2013)

Tabela 5. Desenvolvimento da interação entre cultivares e nitrogênio no número de vagens por planta de soja, Araçatuba, safra 2011/12.

Cultivar	sem N	com N
P 98Y11 RR	72 Bab	103 A
CD 219 RR	100 Aab	64 B
M-Soy 7908 RR	64 b	90
BRS Valiosa RR	110 Aa	64 B
SYN 9078 RR	86 ab	60
DMS (1)	44.66	
DMS (2)	30.99	

Valores médios seguidos da mesma letra minúscula nas colunas não diferem significativamente entre si em relação às profundidades, enquanto que, valores médios seguidos da mesma letra maiúscula nas linhas não diferem significativamente em relação às culturas de cobertura, segundo o teste de Tukey (5% de probabilidade).

(1) Azoto na cultivar

(2) Cultivar em azoto

Fonte: Borges et al. (2013)

Tabela 6. Desenvolvimento da interação entre cultivares e nitrogênio na produtividade de grãos de soja, Araçatuba, safra 2011/12.

Cultivar	sem N	com N

P 98Y11 RR	3025 b	2904 ab
CD 219 RR	2228 b	2998 ab
M-Soy 7908 RR	4840 Aa	3740 Bab
BRS Valiosa RR	2970 b	2299 b
SYN 9078 RR	2767 b	2409 b
DMS (1)	224.76	
DMS (2)	155.97	

Valores médios seguidos da mesma letra minúscula nas colunas não diferem significativamente entre si em relação às profundidades, enquanto que, valores médios seguidos da mesma letra maiúscula nas linhas não diferem significativamente em relação às culturas de cobertura, segundo o teste de Tukey (5% de probabilidade).

(1) Azoto na cultivar

(2) Cultivar em azoto

Fonte: Borges et al. (2013)

No segundo ano de estudo, as três doses de nitrogênio (30, 45 e 60 kg ha^{-1}) e as duas fontes utilizadas (uréia e nitrato de amônio) propiciaram diferenças apenas em relação à altura de plantas em Américo de Campos, sendo que o tratamento padrão (sem N), propiciou maior altura de plantas, e diferiu do tratamento com 45 kg ha^{-1} (Tabelas 7 e 8). Por outro lado, a produtividade de grãos apresentou aumentos que variaram de 514 a 741 kg ha^{-1}, em Araçatuba e de 442 a 788 kg ha^{-1}, em Américo de Campos (Tabelas 7 e 8), o que sugere que a adubação nitrogenada pode ser uma ferramenta para o aumento da produtividade nesse sistema de produção, dependendo da relação custo/benefício. No entanto, Mendes et al. (2008) obtiveram ganhos médios de 216 ha^{-1}, mas mencionam que a adubação nitrogenada tardia no cultivo da soja inoculada nos Latossolos do Cerrado não se justifica economicamente em ambos os sistemas de cultivo, plantio direto e convencional, independentemente da fonte de N utilizada.

Tabela 7. Influência da aplicação de nitrogênio na palha da cana-de-açúcar sobre caraterísticas agronômicas da cultivar de soja M-Soy 7908 RR, Araçatuba, safra 2012/13.

Doses de azoto (kg ha^{-1})	Altura da inserção (m)	Altura de plantas (m)	Povoamento final ha-1*	Produtividade dos grãos (kg ha^{-1})
0	0.12	0.65	225183	3506
30 (nitrato de amónio)	0.15	0.69	216294	4020
60 (nitrato de amónio)	0.15	0.69	207405	4247
45 (Ureia)	0.16	0.68	200739	4247
DMS	0.634	0.1097		1490
CV (%)	15.46	5.71		13.15

* Os valores médios não foram comparados porque variaram de acordo com a recomendação do detentor da cultivar. Fonte: Borges et al. (2013)

Tabela 8. Influência da aplicação de nitrogênio na palha da cana-de-açúcar sobre as caraterísticas agronômicas do SYN 9078 RR, Américo de Campos, safra 2012/13.

Doses de azoto (kg ha^{-1})	Altura da inserção (m)	Altura de plantas (m)	Povoamento final ha-1*	Número de cadeias caracteres fábrica^{-1}	Produtividade dos grãos (kg ha^{-1} da)
0	0.11	0.64 a	272000	47	3022
30 (nitrato de amónio)	0.10	0,59 ab	249333	56	3810
60 (nitrato de amónio)	0.12	0,57 ab	254667	44	3605
45 (Ureia)	0.10	0.53 b	268667	41	3464
DMS	0.0216	0.0911	59289	56.5941	2082
CV (%)	7.04	5.54	8.02	42.41	21.18

Os valores médios seguidos pela mesma letra na coluna não são significativamente diferentes entre si, de acordo com o teste de Tukey (5% de probabilidade).

* Os valores médios não foram comparados porque variaram de acordo com a recomendação do cultivador. Fonte: Borges et al. (2013)

Referências

Abramo Filho, J.; Matsuoka, S.; Sperandio, M.L.; Rodrigues, R.C.D.; Marchetti, L.L. 1993. "Resíduo da colheita mecanizada de cana crua". *Alcool & Açùcar* 67:23-25.

Aratani, Ricardo Garcia; Lazarini, Edson; Marques, Rubia Renata; Backes, Clarice. 2008. "Adubaçao nitrogenada em soja na implantaçao do sistema plantio direto". *Revista Biociências* 24:31-38.

Assis, Éder Paulo Moraes; Cordeiro, Meire Aparecida Silvestrini; Paulino, Helder Barbosa; Carneiro, Marco Aurélio Carbone. 2003. Efeito da aplicaçao de nitrogênio na atividade microbiana e na decomposiçao da palhada de sorgo em solo de cerrado sob plantio direto. *Pesquisa Agropecuária Tropical* 33:107-112.

Bolonhezi, Denizart; Finoto, Everton Luis; Montezuma, M.C.; Michelotto, Marcos Doniseti; Paiva, Luiz Antonio; Queiroz, F.C.; Ferreira, J.A.H.; Bellucci, Eduardo; Martins, Antonio Lucio Mello; Fernandes, M. 2008. "Plantio direto de cultivares de soja RR na renovaçao de cana em condiçao de Argissolo". Trabalho apresentado na Reuniao de Pesquisa de Soja da Regiao Central do Brasil, 30., Rio Verde, Goiàs 45-47.

Borges, Wander Luis Barbosa; Freitas, Rogério Soares; Tokuda, Flàvio Sueo; Hpólito, Jorge Luiz; Tomazini, Nicola Roberto; Cazentini Filho, Gerson; Gasparino, Adriano Custódio. 2013. "Uso de nitrogênio no sistema de produçao de soja sobre palhada de cana-de-açùcar". *Núcleo* 10:57-66.

Centro Integrado de Informações Agrometeorológicas - CIIAGRO. "Resenha: Votuporanga no período de 01/11/2008 até 31/04/2010. 2013. Acessado em 20 de maio.
http://www.ciiagro.sp.gov.br/ciiagroonline/Listagens/Resenha/LResenhaLocal.asp

Crispino, Carla Cripa; Franchini, Julio Cezar; Moraes, José Zucca; Sibaldelle, Rubson N. R.; Loureiro, Maria Fàtima; Santos, Eugênio N.; Campo, Rubens José; Hungria, Mariangela. 2001. *Adubaçâo Nitrogenada na Cultura da Soja.* Londrina: Embrapa Soja. (Comunicado Técnico, 75)

Katterer, Thomas; Reichstein, Markus; Andrén, O.; Lomander, A. 1998. Dependência da temperatura da decomposição da matéria orgânica: uma revisão crítica usando dados analisados com diferentes modelos. *Biology and Fertility of Soils* 27:258-262.

Kuva, Marcos António. 2006. *Banco de sementes, fluxo de emergência e fitossociologia de comunidade de plantas daninhas em agroecossistema de cana.* Tese (Doutorado em Agronomia), Faculdade de Ciências Agràrias e Veterinàrias, Universidade Estadual Paulista.

Lamond, R.E.; Wesley, T.L. 2001. Adubaçao nitrogenada no momento certo. *Informaçoes Agronômicas* 95:6-7.

Mendes, lèda Carvalho; Reis Junior, Fàbio Bueno; Hungria, Mariangela; de Sousa, Djalma Martinhao Gomes; Campo, Rubens José. 2008. Adubaçao nitrogenada suplementar tardia em soja cultivada em Latossolos do Cerrado. *Pesquisa Agropecuária Brasileira* 43: 1053-1060.

Oliveira, Mauro Wagner; Trivelin, Paulo Cesar Ocheuze; Gava, Glauber José Castro; Penatti, Claudemir Pedro. 1999. Degradaçao da palhada de cana-de-açùcar. *Scientia Agricola*, Piracicaba 56:803-809.

Ripoli, T.V.; Mialhe, L.G.; Brito, J.O. 1990. Queima de canavial, o desespero não mais admissível. *Alcool & Açùcar* 10:18-23.

Ros, Clovis Orlando; Aita, Celso. 1996. "Efeito de espécies de inverno na cobertura do solo e fornecimento de nitrogênio ao milho em plantio direto". *Revista Brasileira de Ciência do Solo* 20:135-140.

Santos, Lucio Pereira; Vieira, Clibas; Sediyama, Carlos S.; Sediyama, Tuneo. 2000. "Adubaçao nitrogenada e molibdica da cultura da soja em Viçosa e Coimbra, Minas Gerais". *Revista Ceres* 47:33-48.

Stanford, George; Frere, M.H.; Shwaninger, D.H. 1973. Coeficiente de temperatura da mineralização do azoto do solo. *Ciência do Solo* 115:321-323.

Timossi, Paulo César; Durigan, Julio Cezar. 2006. Manejo de convolvulàceas em dois cultivares de soja semeada diretamente sob palha residual de cana crua. *Planta Daninha* 24:91-98.

Trivelin, Paulo Cesar Ocheuze; Victoria, Reynaldo Luiz; Rodrigues, Joao Crisòstomo Simoes. 1995. Aproveitamento por soqueira de cana-de-açùcar de final de safra do nitrogênio da aquamônia^{-15}N e ureia^{-15}N aplicado ao solo em complemento à vinhaça. *Pesquisa AgopecuăriaBrasileira* 30:1375-1385.

Trivelin, Paulo Cesar Ocheuze; Rodrigues, Joao Crisóstomo Simoes; Victoria, Reynaldo Luiz. 1996. "Utilizaçao por soqueira de cana-de-açùcar de inicio de safra do nitrogênio da aquamônia^{-15}N e ureia^{-15}N aplicado ao solo em complemento à vinhaça". *Pesquisa Agropecuária Brasileira* 31:89-99.

Capítulo 5

Soja em sistema integrado lavoura-pecuária

A sustentabilidade do sector agrícola está diretamente relacionada com a evolução do sistema de produção, de tal forma que os sistemas de plantio direto e de integração lavoura-pecuária (ILP), ao proporcionarem benefícios recíprocos, eliminam ou reduzem as causas de degradação física, química e biológica do solo, resultantes de cada atividade exploratória (Kluthcouski et al., 2000).

De acordo com Salton et al. (2001), a ILP pode ser definida como a diversificação, rotação, consorciação e/ou sucessão de atividades agrícolas e pecuárias dentro da propriedade rural de forma harmônica, formando um único sistema, de modo que ambas as atividades sejam beneficiadas. Assim, o produtor pode, com o lucro produzido pelas culturas anuais, reduzir, pelo menos em parte, os custos da recuperação da capacidade produtiva de uma pastagem (Borghi, 2007).

Este sistema de produção apresenta as seguintes vantagens: grande ciclagem de nutrientes e redução do uso de fertilizantes e, redução da incidência de pragas, doenças e ervas daninhas, com consequente redução do consumo de pesticidas, melhor conservação do solo e da água, reflectindo-se numa maior rentabilidade e estabilidade dos sistemas de produção (Kluthcouski et al., 2003).

Na ILP, a pastagem utiliza a correção do solo e a adubação residual aplicada na lavoura, que por sua vez, beneficia o condicionamento físico do solo e da palha da cana-de-açúcar proporcionado pela pastagem (Vilela et al., 2003), devido ao extenso sistema radicular e ao resíduo de matéria orgânica deixado na superfície e subsuperfície do solo (Loss et al., 2011; Silva et al., 2011).

Este sistema pode ser uma alternativa para o produtor agrícola ou pecuarista, pois em muitas regiões do Brasil, o cultivo de segunda safra tem apresentado insucesso, devido à baixa disponibilidade hídrica e irregularidade das chuvas no outono/inverno (Zanine et al., 2006).

Os sistemas de produção com manejo ILP sob sistema de plantio direto (SSD), têm apresentado maior rentabilidade por área, maior diversificação de atividades, menor risco econômico e menor custo de produção (Balbinot Jùnior et al., 2009; Macedo, 2009). Entretanto, para serem viáveis, sistemas de produção de média e longa duração, integrando a produção de grãos com as pastagens perenes predominantes na localidade, devem ser identificados regionalmente (Santos et al., 2011).

Na Fazenda Pontal, no município de Ouroeste, São Paulo, Brasil, de propriedade de Antonio Rezende e Luiz Antonio Rezende, foram testados vários sistemas de manejo de espécies para a adoção do sistema ILP. Os pecuaristas de leite e corte e produtores de soja, milho e sorgo, utilizam atualmente um sistema de produção com rotação soja, sorgo forrageiro e capim Coloniao (*Panicum maximum* Jacq.) em sistema ILP sob SSD, como mostra esquematicamente a Figura 1.

1° Year

Soybean | Forage sorghum + Colonião grass | Pasturing of Colonião grass

Nov	Dec	Jan	Feb	Mar	Apr	May	Jun	Jul	Aug	Sep	Oct

2° Year

Soybean | Forage sorghum + Colonião grass | Pasturing of Colonião grass

Nov	Dec	Jan	Feb	Mar	Apr	May	Jun	Jul	Aug	Sep	Oct

3° Year

Pasturing of Colonião grass

Nov	Dec	Jan	Feb	Mar	Apr	May	Jun	Jul	Aug	Sep	Oct

4° Year

Pasturing of Colonião grass

Nov	Dec	Jan	Feb	Mar	Apr	May	Jun	Jul	Aug	Sep	Oct

Figure 1 Integração Lavoura-Pecuária em Sistema de Plantio Direto, na Fazenda Pontal, Ouroeste.

Fonte: Borges (2012)

A opção de utilizar a pastagem por dois anos, seguidos de dois anos com a cultura da soja foi o sistema mais rentável para a propriedade. O sorgo utilizado foi do tipo forrageiro, sendo cortado para a silagem com aproximadamente 100 dias, momento em que o *P. maximum*, cultivado na mesma época do sorgo, está pronto para o pastejo. A produtividade média de soja da propriedade é de 3000 kg ha^{-1} (Borges, 2012).

Figure 2 apresentar a soja sobre a palha de *Panicum maximum*.

Figura 2. Soja sobre a palha de *Panicum maximum*.

Foto: Cledson Luis Furtado Rezende, 2008.

Com o objetivo de avaliar a produção de soja nos sistemas ILP e SSD, foi desenvolvida uma pesquisa em Votuporanga, São Paulo, Brasil. Os resultados apresentados neste capítulo foram retirados de Souza et al. (2014).

O experimento foi conduzido no Centro de Pesquisas Tecnológicas Avançadas do Agronegócio da Seringueira e Sistemas Agroflorestais, do Instituto Agronômico - IAC, localizado no município de Votuporanga, São Paulo, Brasil, a 20°20'S de Latitude,

49°58'W de Longitude e 510 m de altitude, em um Latossolo Vermelho Amarelo Oxisol eutrófico (Prado et al., 1999; EMBRAPA, 2013).

Na área com o sistema ILP, em 04/01/2012, foi semeado o híbrido de milho DB 710 HX, utilizando 300 kg ha^{-1} do adubo formulado 08-28-16 e em 23/01/2012 foi realizada a primeira adubação de cobertura, com 180 kg ha^{-1} do adubo formulado 20-00-20, enquanto que em 30/01/2012, foi realizada a segunda adubação de cobertura, com 250 kg ha^{-1} de sulfato de amônio. A semeadura *da Urochloa brizantha* cv. Marandu foi realizada no espaçamento do milho, em 24/01/2012, utilizando-se 12 kg ha^{-1} de semente com VC 52%, juntamente com 130 kg $ha^{(-1)\,de}$ superfosfato simples, a fim de facilitar a semeadura. Após a colheita do milho, a área foi mantida em pousio, para formação de pastagem, sendo que em junho de 2013, os animais entraram na área e lá permaneceram de acordo com a disponibilidade de forragem, até outubro de 2013.

Na área com o SSD, o milho híbrido 2B 710 HX foi semeado em SSD sobre a palhada de soja, na primeira época, em 04/01/2012, utilizando 300 kg ha^{-1} do adubo formulado 08-28-16 e em 23/01/2012 foi realizada a primeira adubação de cobertura, com 180 kg ha^{-1} do adubo formulado 20-00-20, e no dia 30/01/2012 foi realizada a segunda adubação de cobertura, com 250 kg ha^{-1} de sulfato de amônio, e na segunda época, o sorgo forrageiro cultivar IAC Santa Elisa foi semeado em SSD sobre a palhada de milho. Na safra 2012/13, a cultivar de soja IAC Foscarin 31 foi semeada em SSD sobre a palhada de sorgo, na primeira safra, utilizando-se 300 kg ha^{-1} do adubo formulado 04-20-20, e na segunda safra, foi semeada a cultivar de sorgo forrageiro IAC Santa Elisa, utilizando-se 100 kg ha^{-1} do adubo formulado 08-28-16.

Foi realizada amostragem de solo para análise de fertilidade, nas camadas de 0-0,05, 0,050,20 e 0,20-0,40 m, em outubro de 2013. Os resultados das análises são apresentados na Tabela 1.

Tabela 1. Propriedades químicas do solo nas camadas de 0-0,05, 0,05-0,20 e 0,20-0,40 m, Votuporanga, 2013.

Produção	P (Resina)	MO	pH ($CaCl_2$)	K	Ca	Mg	H+Al	Al	V

sistemas	mg dm^{-3}	g dm^{-3}		mmolcdm(-3 ----------------------					(%)
				0-0.05 m					
SSD	30	23	4.9	2.6	16	19	19	0	66
ILP	17	23	4.9	1.6	34	22	23	0	70
				0.05-0.20 m					
SSD	10	16	4.6	2.4	5	3	29	1	25
ILP	5	18	4.8	1.4	17	10	30	0	47
				0.20-0.40 m					
SSD	14	16	4.7	1.1	7	2	35	1	23
ILP	2	17	4.6	1.1	6	2	40	3	20

Fonte: Souza et al. (2014)

Na safra 2013/14, para facilitar o procedimento de semeadura da soja, a área com SSD e ILP foi manejada com uma roçadeira tipo Trincha, no dia 21/11/2013, para destruição de restolho de sorgo (áreas com SSD) e de pastagem (áreas com ILP). A Após o manejo, foram realizadas duas dessecações: a primeira com 4 L ha^{-1} do produto comercial (p.c.) de N-fosfonometil-glicina (glifosato) e 0,08 L ha^{-1} do p.c. de descarfentrazona-etílica, e a segunda com 4L ha^{-1} do p.c. de glifosato, 80 g ha^{-1} da p.c. de flumioxazin, com exceção da área com CLI, que apresentou menor incidência de plantas daninhas tolerantes ao glifosato, e 0,5% do volume de calda de óleo mineral. Também foi utilizada uma quantidade de 0,05 L ha^{-1} da p.c. de cipermetrina para reduzir a população de lagartas e percevejos na área.

A semeadura da soja foi realizada nos dias 04 e 05/12/2013, utilizando-se 350 kg ha^{-1} do fertilizante formulado 04-20-20. Foi utilizada a cultivar P 97R01, com uma quantidade de 20 sementes m^{-1}, e com o seguinte tratamento de sementes: 0,1 L 100 kg^{-1} de sementes de metalaxil- M + fludioxonil, 0,1 L 100 kg^{-1} de sementes de tiametoxam, 3 doses ha^{1} de inoculante (líquido) e 0,2 L ha^{-1} de adubo foliar com Co e Mo. Foram efectuados todos os tratamentos fitossanitários adequados ao desenvolvimento das culturas.

Os parâmetros avaliados na cultura da soja foram: altura da inserção da primeira vagem, altura da planta, estande final ha^{-1} e número de vagens por planta^{-1}, amostrando cinco plantas aleatórias por parcela, e produtividade de grãos ha^{-1}, amostrando 6 m nas linhas centrais de ambas as parcelas. As avaliações foram realizadas no momento da colheita. A produtividade foi obtida padronizando-se a umidade dos grãos para 13%.

Após a colheita da soja, foi realizada uma amostragem para quantificar a palha sobre o solo, sendo registrados 10800 e 7033 kg ha^{-1} de matéria seca, nas áreas com ILP e SSD, respetivamente.

As caraterísticas agronômicas da cultura da soja avaliadas nos dois sistemas são apresentadas na Tabela 2.

Tabela 2. Caraterísticas agronômicas de diversas cultivares de soja, Votuporanga, safra 2013/14.

Produção sistemas	Altura inserção (m)	da Altura de plantas (m)	Povoamento final ha^{-1*}	Número instalações produção cordas^{-1}	de Produtividade dos de cereais de (kg ha^{-1})
SSD	0.11	0.57	172221	28.13	2618
ILP	0.10	0.53	166665	40.73	2245
CV (%)	30.57	10.42	5.13	16.35	10.46
DMS	7.31	13.03	45.75	12.77	577.16

Fonte: Souza et al. (2014)

Não foi observada diferença estatística significativa ($p<0,05$) entre os parâmetros avaliados. Entretanto, é necessário destacar que a área com SSD proporcionou uma produtividade de grãos de 373 kg ha^{-1} superior ao sistema ILP, mesmo apresentando uma saturação por bases inadequada ao desenvolvimento da cultura na camada de 0,05-0,40 m (Tabela 2).

A baixa produtividade de grãos foi influenciada pelas condições climáticas desfavoráveis ao desenvolvimento da cultura, com alta evapotranspiração no mês de janeiro, conforme Figura 3, prejudicando o florescimento da cultura, e consequentemente a produtividade. No entanto, a produtividade foi superior à encontrada por Lunardi et al. (2008) que avaliaram a influência de métodos e intensidades de pastejo de ovinos sobre a produtividade da soja cultivada em dois espaçamentos entre linhas em sistema de integração lavoura-pecuária, e obtiveram produtividades que variaram de 934 +/- 375 a 1559 +/- 394 kg ha^{-1}.

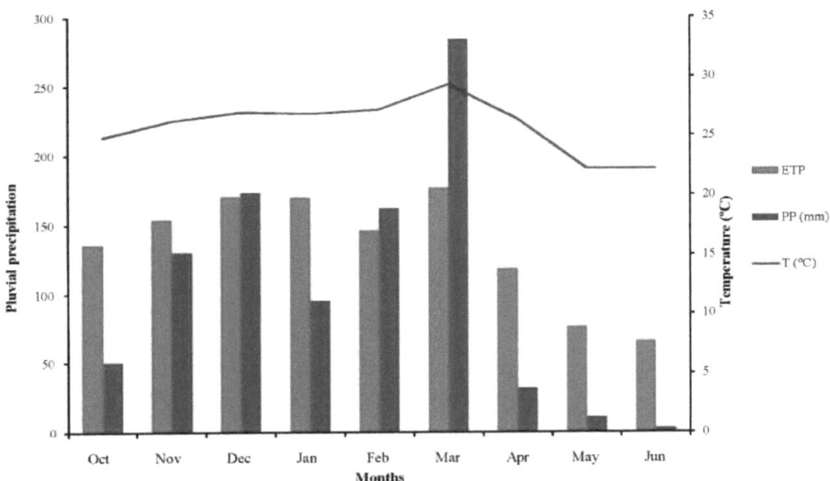

Figura 3. Dados de evapotranspiração potencial (ETP), precipitação pluvial (PP) e temperatura média (T), em Votuporanga, no período estudado de outubro de 2013 a junho de 2014.

Fonte: Souza et al. (2014)

As figuras 4 e 5 mostram a soja no sistema de integração lavoura-pecuária.

Figura 4. Germinação de soja sobre a palhada de *Urochloa brizantha* cv. Marandu em área no sistema de integração lavoura-pecuária, Votuporanga, 12/12/2013.

Figura 5. Soja em ciclo final na área sob sistema de integração lavoura-pecuária, Votuporanga, 20/03/2013.

A figura 6 mostra a grande quantidade de palha no sistema de integração lavoura-pecuária.

Figura 6. Palha de *Urochloa brizantha* cv. Marandu, Votuporanga, 20/03/2014.

As Figuras 7 e 8 mostram a soja em sistema de plantio direto.

Figura 7. Germinação de soja em área sobre sistema de plantio direto, Votuporanga, 12/12/2013.

Figura 8. Soja no ciclo final em área sobre sistema de plantio direto, Votuporanga, 20/03/2013.

Referências

Balbinot Junior, Alvadi Antonio; Moraes, Anibal; Veiga, Milton; Pelissari, Adelino; Dieckow, Jeferson. 2009. Integraçao lavoura-pecuâria: intensificaçao de uso de àreas agricolas. *Ciência Rural* 39:1925-33.

Borges, Wander Luis Barbosa. 2012. A importância da palha. *A Granja*, 767:67-69.

Borghi, Emerson. *Produçâo de milho e capins Marandù e Mombaça em funçâo de modos de implantaçâo do consórcio*. 2007. Tese (Doutorado em Agronomia), Faculdade de Ciências Agronômicas, Universidade Estadual Paulista.

Centro Integrado de Informações Agrometeorológicas - CIIAGRO. "Resenha: São Manuel no periodo de 01/10/2013 até 01/05/2014". 2014. Acessado em 01 de setembro.

http://www.ciiagro.sp.gov.br/ciiagroonline/Listagens/Resenha/LResenhaLocal.as P

Empresa Brasileira de Pesquisa Agropecuária (EMBRAPA). 2013. *Sistema brasileiro de classificaçâo de solos*. 3.ed. Brasilia: Embrapa.

Kluthcouski, Joao; Cobucci, Tarcisio; Aidar, Homero; Yokoyama, Lidia Pacheco; Oliveira, Itamar Pereira; Costa, Jefferson Luiz Silva; Silva, José Geraldo; Vilela, Lourival; Barcellos, Alexandre de Oliveira; Magnabosco, Claudio de Ulhôa. 2000. *Sistema Santa Fé - Tecnologia Embrapa: integraçâo lavoura-pecuâria pelo consórcio de culturas anuais com forrageiras, em àreas de lavoura, nos sistemas direto e convencional*. Santo Antônio de Goiàs: Embrapa Arroz e Feijao. (Circular Técnica, 38)

Kluthcouski, João; Yokoyama, Lídia Pacheco. 2003. Opçôes de integraçâo lavoura-pecuâria. In: Kluthcouski, Joâo; Stone, Luis Fernando; Aidar, Homero. *Integraçâo lavoura-pecuâria*. 1.ed. Santo Antonio de Goiàs: Embrapa Arroz e Feijao 131-141.

Loss, Arcàngelo; Pereira, Marcos Gervasio; Giàcomo, Simone Guimaraes; Perin, Adriano; Anjos, Lùcia Helena Cunha. 2011. Agregaçâo, carbono e nitrogênio em agregados do solo sob plantio direto com integraçâo lavoura-pecuâria. *Pesquisa Agropecuâria Brasileira* 46:1269-76.

Lunardi, Robson; Carvalho, Paulo César de Faccio; Trein, Carlos Ricardo; Costa, José Antonio; Cauduro, Guilherme Fernandes; Barbosa, Cristina Maria Pacheco; Aguinaga, Angelo Antônio Queirolo. 2008. Rendimento de soja em sistema de integraçâo lavoura-pecuâria: efeito de métodos e intensidades de pastejo. *Ciência Rural* 38:795-801.

Macedo, Manuel Claudio Motta. 2009. Integraçâo lavoura e pecuària: o estado da arte e inovaçâo tecnológicas. *Revista Brasileira de Zootecnia* 38:133-46.

Prado, Hélio; Jorge, José Antonio; Menk, Joao Roberto Ferreira. 1999. *Levantamento pedològico detalhado e caracterizaçâo fisico-hidrica dos solos da Estaçâo Experimental de Agronomia de Votuporanga (SP)*. Campinas: Instituto Agronòmico - IAC (Boletim Cientifico, 42)

Salton, Julio Cesar; Fabricio, Amoacy Carvalho; Hernani, Luis Carlos. 2001. Rotaçâo lavoura pecuària no Sistema Plantio Direto. *Informe Agropecuàrio* 22:92-99.

Santos, Henrique Pereira; Fontaneli, Renato Serena; Spera, Silvio Tulio; Dreon, Geizon. 2011. Fertilidade e teor de matéria orgânica do solo em sistemas de produçâo com integraçâo lavoura e pecuària sob plantio direto. *Revista Brasileira de Ciências Agràrias* 6:474-82.

Silva, Rogério Ferreira; Guimaraes, Maria Fàtima; Aquino, Adriana Maria; Mercante, Fàbio Martins. 2011. Anàlise conjunta de atributos fìsicos e biológicos do solo sob sistema de integraçâo lavoura-pecuâria. *Pesquisa Agropecuâria Brasileira* 46:1277-1283.

Souza, Isabela Malaquias Dalto; Souza, Marco Antônio Vrech; Kibayashi, Mituzi Miguel Amorim; Silva, Linocy Nunes; Borges, Wander Luis Barbosa. 2014. Produçâo de soja em sistema de semeadura direta e de integraçâo lavoura- pecuària em Votuporanga, SP. *Colloquium Agrariae* 10:135-140. (n.Especial 2)

Vilela, Lourival; Macedo, Manuel Claudio Motta; Martha Junior, Geraldo Bueno; Kluthcouski, Joâo. Beneficios da integraçâo lavoura-pecuâria. In: Kluthcouski, Joâo; Stone, Luis Fernando; Aidar, Homero. 2003. *Integraçâo lavoura-pecuâria*. Santo Antônio de Goiàs: Embrapa 145-170.

Zanine, Anderson Moura; Santos, Edson Mauro; Ferreira, Daniele Jesus; Carvalho, Gleidson Giordano Pinto. 2006. Potencialidade da integraçâo lavoura-pecuâria: relaçâo planta-animal. *Revista Eletrónica de Veterinaria* 7:1-23.

Capítulo 6

Soja em sistema integrado lavoura-pecuária-floresta

Outra opção para o cultivo da soja em sistema integrado é a sua utilização em sistemas que envolvem: agricultura, geralmente com culturas de grãos; pecuária, mais comumente com gado de corte e leite, e silvicultura, principalmente com espécies de eucalipto.

A integração lavoura-pecuária-floresta pode ser uma alternativa vantajosa para os produtores rurais, pois abre oportunidades para a diversificação das atividades econômicas na propriedade, principalmente com a inclusão do componente florestal que pode gerar renda extra aos produtores na forma de madeira ou energia, e, ao mesmo tempo, poderia criar microclima favorável à pastagem, que permaneceria verde por um período maior na entressafra e proporcionaria condições de bem-estar animal (Trecenti et al., 2008).

Esses sistemas proporcionam benefícios recíprocos, recuperando ou reduzindo as causas da degradação física, química e biológica do solo, decorrentes de cada propriedade rural. Do ponto de vista da sustentabilidade, os benefícios da integração lavoura-pecuária-floresta podem ser resumidos em: a) Agronômicos - por meio da recuperação e manutenção das caraterísticas produtivas do solo; b) Econômicos - por meio da diversificação da oferta e obtenção de maiores ganhos a menores custos e com qualidade superior; c) Ecológicos - por meio da redução da erosão e da biota nociva às espécies cultivadas, diminuindo assim a necessidade de agrotóxicos; d) Sociais - por meio da diluição da renda, uma vez que as atividades pecuária e agrícola concentram e distribuem as rendas, respetivamente. É preciso considerar também a maior geração de impostos, empregos diretos e indiretos, além da fixação do homem no campo (Kluthcouski et al., 2000).

No Centro Avançado de Pesquisa Tecnológica de Seringueira e Sistemas Agroflorestais, do Instituto Agronômico - IAC, localizado no município de São Paulo, Brasil, a 20°20'S de Latitude, 49°58'W de Longitude e 510 m de Altitude, em um

Latossolo Vermelho arenoso eutrófico (Prado et al, 1999; EMBRAPA, 2013), foi instalado um projeto de investigação, em cooperação com a APTA e a Empresa Brasileira de Pesquisa Agropecuária (EMBRAPA) e apoiado pela Fundação Agrisus - Agricultura Sustentável, numa área com pastagem degradada implantada há dez anos.

Em 25/05/2009 foi realizada uma amostragem de solo, para analisar a fertilidade da área nas profundidades de 0-0,20 e 0,20-0,40 m. Os resultados são apresentados na Tabela 1.

Tabela 1. Propriedades químicas do solo nas camadas de 0-0,20 e 0,20-0,40 m, Votuporanga, 2009.

Camada	P (Resina)	MO	pH (CaCh)	K	Ca	Mg	H+Al	V
	mg dm^{-3}	g dm^{-3}			mmolc dm^{-3}---------			(%)
0-0.20 m	7	17	5.2	2.8	18	8	16	64
0.20-0.40 m	3	15	5.0	1.7	16	6	16	59

Fonte: Borges et al. (2011)

A área foi preparada de forma convencional. Em seguida, a sementeira do painço (*Pennisetum glaucum*) foi preparada a 18/09/09 entre os socalcos. No dia 05/10/09 foi efectuada uma fosfatagem a lanço nos socalcos, utilizando 200 kg ha^{-1} de fosfato de Gafsa, com incorporação por gradagem.

Após a fosfatagem, foi realizada uma aração, para o plantio do eucalipto, no dia 06/10/09, em sistema de linha simples, com espaçamento de 12 a 15 m, e com 2 m entre plantas, com aproximadamente 370 plantas ha^{-1}, utilizando dois híbridos de eucalipto: Grancam 1277 (*Eucalyptus grandis* x *Eucalyptus camaldulensis*) e Urograndis H-13 (*Eucalyptus urophila* x *Eucalyptus grandis*).

Em 30/11/09 o milheto foi dissecado, e em seguida foi realizada uma semeadura de soja entre os terraços, utilizando 350 kg ha^{-1} do adubo formulado 04-20-20. A colheita da soja foi realizada em 08/04/10.

Mais informações e resultados preliminares do projeto podem ser encontrados em Borges et al. (2011); Botelho et al. (2011); Borges et al. (2013); Silva et al. (2013) e

Borges et al (2014).

A Figura 1 apresenta a soja semeada sobre resíduo de milheto, e as Figuras 2 e 3 apresentam a soja cultivada na entrelinha do eucalipto, em pré-florescimento e no momento da colheita, respetivamente.

Figura 1. Soja semeada sobre resíduo de milheto na entrelinha de eucalipto, Votuporanga, 15/12/2009.

Figura 2. Soja cultivada na entrelinha de eucalipto em pré-florada, Votuporanga, 19/01/2010.

Figura 3. Soja cultivada na entrelinha de eucalipto no momento da colheita, Votuporanga, 07/04/2010.

Foto: Rogério Soares de Freitas

Referências

Borges, Wander Luis Barbosa; Freitas, Rogério Soares; Silva, Giane Serafim; Botelho, Adelina Azevedo; Strada, Wilson Luiz; Paziani, Solidete Fàtima; Nicodemo, Maria Luiza Fransceschi; Santos, Carlos Eduardo Silva; Carpanezzi, Antonio Aparecido. 2011. Integraçao Lavoura-Pecuària-Silvicultura (ILPS) no Noroeste do Estado de Sao Paulo. In: Borges, Wander Luis Barbosa; Freitas, Rogério Soares; Silva, Giane Serafim; Botelho, Adelina Azevedo; Strada, Wilson Luiz; De Maria, Isabella, Clerici. *Encontro sobre produção agropecuária sustentável, 1. Anais...* Campinas: Instituto Agronòmico - IAC 23-32. (Documentos IAC, 99)

Borges, Wander Luis Barbosa; Silva, Giane Serafim; Freitas, Rogério Soares; Botelho, Adelina Azevedo; Paziani, Solidete Fàtima; Strada, Wilson Luiz; Nicodemo, Maria

Luiza Fransceschi; Santos, Carlos Eduardo Silva. 2013. Sistemas de Integraçao Lavoura-Pecuària-Floresta implantados no Noroeste Paulista. In: Silva, Giane Serafim; Borges, Wander Luis Barbosa; Freitas, Rogério Soares; Paziani, Solidete Fàtima; De Maria, Isabella, Clerici. 2013. *Encontro sobre produçâo agropecuària sustentâvel, 2. Anais*... Campinas: Instituto Agronômico - IAC 23-30. (Documentos IAC, 111)

Borges, Wander Luis Barbosa; Silva, Giane Serafim; Freitas, Rogério Soares; Paziani, Solidete Fàtima; Nicodemo, Maria Luiza Fransceschi; Santos, Carlos Eduardo Silva. 2014. Integraçao SP - Integraçao Lavoura-Pecuària-Floresta no Noroeste Paulista. *Boletim da Indùstria Animal*, 71:192-199.

Botelho, Adelina Azevedo; Borges, Wander Luis Barbosa; Freitas, Rogério Soares; Silva, Giane Serafim; Wilson Luiz; Paziani, Solidete Fàtima; Nicodemo, Maria Luiza Fransceschi; Santos, Carlos Eduardo Silva; Carpanezzi, Antonio Aparecido. 2011. Custo Operacional do Sistema Integraçao Lavoura-Pecuària- Silvicultura (ILPS) na Regiao Noroeste do Estado de Sao Paulo. In: Borges, Wander Luis Barbosa; Freitas, Rogério Soares; Silva, Giane Serafim; Botelho, Adelina Azevedo; Strada, Wilson Luiz; De Maria, Isabella, Clerici. *Encontro sobre produção agropecuária sustentável, 1. Anais*... Campinas: Instituto Agronômico - IAC 33-44. (Documentos IAC, 99)

Empresa Brasileira de Pesquisa Agropecuária (EMBRAPA). 2013. *Sistema brasileiro de classificaçâo de solos*. 3.ed. Brasilia: Embrapa.

Kluthcouski, Joao; Cobucci, Tarcisio; Aidar, Homero; Yokoyama, Lidia Pacheco; Oliveira, Itamar Pereira; Costa, Jefferson Luiz Silva; Silva, José Geraldo; Vilela, Lourival; Barcellos, Alexandre de Oliveira; Magnabosco, Claudio de Ulhôa. 2000. *Sistema Santa Fé - Tecnologia Embrapa: integraçâo lavoura-pecuària pelo consórcio de culturas anuais com forrageiras, em àreas de lavoura, nos sistemas direto e convencional*. Santo Antônio de Goiàs: Embrapa Arroz e Feijao. (Circular Técnica, 38)

Prado, Hélio; Jorge, José Antonio; Menk, Joao Roberto Ferreira. 1999. *Levantamento pedològico detalhado e caracterizaçâo fisico-hidrica dos solos da Estaçâo Experimental de Agronomia de Votuporanga (SP)*. Campinas: Instituto Agronòmico - IAC (Boletim Cientifico, 42)

Silva, Giane Serafim; Borges, Wander Luis Barbosa; Freitas, Rogério Soares; Paziani, Solidete Fàtima. 2013. "Projeto Integraçao Lavoura Pecuâria Floresta (ILPF) do Polo Regional do Noroeste Paulista: Principais Resultados Parasitológicos e de Desempenho Animal". In Silva, Giane Serafim; Borges, Wander Luis Barbosa; Freitas, Rogério Soares; Paziani, Solidete Fàtima; De Maria, Isabella, Clerici. *Encontro sobre produção agropecuária sustentável, 2. Anais...* Campinas: Instituto Agronômico - IAC 31-44. (Documentos IAC, 111)

Trecenti, Ronaldo; Oliveira, Mauricio Carvalho; Hass, Günter. 2008. *Integraçâo Lavoura-Pecuària-Silvicultura*. Brasília: MAPA/SDC. (Boletim tècnico)

Printed by Books on Demand GmbH, Norderstedt / Germany